水库群防洪-供水-生态调度理论与方法

康 玲 周丽伟 等 著

科学出版社

北京

内 容 简 介

　　水库群联合调度是实现江河安澜和水资源高效利用的重要方法。水库群防洪-供水-生态调度理论与方法聚焦长江流域的防洪、供水和生态问题，以复杂系统科学理论为基础，围绕多维随机变量耦合的多目标协同优化关键技术难题，研究非线性河道洪水演算方法及水库群联合防洪调度方法，阐明洪水资源化利用的风险调控方法，构建水库群供水调度多目标优化模型，进行变化环境下的河流栖息地影响分析。本书部分彩图附彩图二维码，见封底。

　　本书适合水文、水资源、水利水电工程、环境、生态等领域的科研工作者及在校学生、工程技术人员阅读。

图书在版编目（CIP）数据

水库群防洪-供水-生态调度理论与方法/康玲等著. —北京：科学出版社，2024.6
　ISBN 978-7-03-078322-6

Ⅰ.① 水… Ⅱ.① 康… Ⅲ.① 水库-防洪　②水库调度　Ⅳ.①TV697.1

中国国家版本馆 CIP 数据核字（2024）第 064699 号

责任编辑：何　念　张　湾/责任校对：高　嵘
责任印制：彭　超/封面设计：无极书装

科 学 出 版 社 出版
北京东黄城根北街 16 号
邮政编码：100717
http://www.sciencep.com

湖北恒泰印务有限公司 印刷
科学出版社发行　各地新华书店经销
*

开本：787×1092　1/16
2024 年 6 月第 一 版　　印张：12 1/2
2024 年 6 月第一次印刷　　字数：302 000
定价：158.00 元
（如有印装质量问题，我社负责调换）

前言

水资源是支撑全球社会经济可持续发展不可替代的宝贵资源,然而,受全球气候变化和人类活动的影响,地球上的水循环正在发生变化,许多地区遭受水资源短缺、洪水、水污染的威胁,水危机已成为全人类的共同挑战,水安全研究已成为国际水科学研究领域的重要方向。水资源、洪水和水环境的有机统一形成了复杂、时变的水安全系统。面向"长江安澜""长江经济带高质量发展""长江大保护"等国家重大战略需求,如何科学调度长江中上游大规模水库群,充分发挥水利工程在长江防洪安全、供水安全和生态安全的作用是亟待研究的重要课题。

随着我国众多水利工程的相继建成,各大流域基本形成梯级水库群。长江上游水库群规模大、范围广、服务对象多,在变化环境下,如何适应长江径流时空演变规律进行水库群联合调度,是涉及多区域、多阶段、多目标的复杂适应系统调控决策难题。作者依托国家重点研发计划和重大工程科研课题,经过多年理论研究和应用实践,构建了水库群防洪-供水-生态调度理论与方法体系。研究了河道洪水演变特性,提出了变参数非线性河道流量预测方法;围绕长江流域多区域防洪协同调度难题,创建了适应洪水演变特性的水库群防洪库容分配精准调控策略,提出了水库群防洪库容等效性定量研究方法。在此基础上,开展了中小洪水资源化利用研究,提出了水库群多重风险评估与运行水位动态调控方法;为了满足长江经济带各类用水需求,建立了水库群供水调度多目标优化模型,提出了调度规则优选决策方法;解析了水库群联合运用对长江重要水生物种繁衍和关键栖息地的影响,构建了长江中华鲟栖息地模型,为水库群生态调度和长江生态修复提供了技术支撑。

本书主要内容如下:

第1章探讨水库调度面临的挑战,阐明水库群联合调度的关键问题,简要介绍长江流域概况,包括长江流域的地貌特征、气候水文特点及洪水时空分布特征。

第2章阐述非线性河道洪水演算方法,提出一种入流断面流量分段方法,研究模型幂指数随入流断面流量的变化规律,提出变参数非线性马斯京根模型,在此基础上,结合自适应遗传算法的全局搜索能力和下山单纯形法的局部搜索能力,基于优势互补的思想,将自适应遗传算法和下山单纯形法相结合,提出了混合优化算法,实现了变参数非线性马斯京根模型的参数优选。

第3章围绕长江上游水库群防洪库容高效利用问题,提出变权重预留防洪库容最大策略和系统非线性安全度最大策略,计算水库群下游共同防洪控制站的超标洪量,建立水库群防洪库容优化分配模型,探讨合理使用各水库防洪库容,降低水库群系统整体防洪风险的方法。

第 4 章深入研究洪水资源化利用方法，建立洪水过程随机模拟模型，辨识防洪调度的主要风险因素（洪水预报误差、洪水发生时间、洪水地区组成、初始起调水位），探究各主要风险因素的分布特征及演变规律，以丹江口水库为研究对象，建立水库防洪调度风险分析模型，实现水库汛期运行水位动态调控方法及其风险决策。

第 5 章以嘉陵江水库群为研究对象，设计水库群供水调度规则，包括单个水库的限制供水规则和并联水库群各水库间共同供水任务的分配规则；建立水库群供水调度规则评价指标体系；提出以第二代非支配排序遗传算法和基于 k 阶 p 级有效概念的备选方案逐次淘汰方法为基础的多目标决策方法，提取并筛选出各水库偏好调度规则方案。

第 6 章利用水文变化指标法，分析三峡–葛洲坝梯级水库蓄水前后对下游河道水文情势变化的影响，以长江重要的珍稀水生物种中华鲟为指标物种，建立中华鲟栖息地模型，评估梯级水库运行造成流量和水温共同影响下产卵场适宜栖息面积变化的规律。

康玲完成全书大纲、统稿和定稿工作。本书共分 6 章，第 1 章由康玲撰写；第 2～4 章由康玲、周丽伟撰写；第 5 章由康玲、张松撰写；第 6 章由康玲、姜尚文撰写。

本书的出版得到了"十四五"国家重点研发计划课题"流域性大洪水场景推演及预案关键技术"（2022YFC3002704）的资助。

本书是作者研究工作成果的总结，在研究工作中得到了相关单位及有关专家、同仁的大力支持，同时本书也吸收了国内外专家学者在这一领域的最新研究成果，在此一并表示衷心的感谢！

由于水库群防洪–供水–生态调度研究尚在不断探索中，相关理论和方法有待在实践中进一步发展与完善，加之作者水平有限，书中不妥之处在所难免，敬请读者批评指正。

作　者

2024 年 1 月于武汉

目录

第1章

绪 论

水乃生命之源，是人类赖以生存和可持续发展的基本条件，是维系生态系统功能和支撑社会经济系统发展的基础性自然资源与战略资源。然而，近年来，在全球气候变化和人类活动的双重影响下，极端气候事件频繁发生，流域水文循环和水资源演变日益加剧，造成了洪水、干旱、水污染等水安全问题，对人类生命财产安全和社会经济的可持续发展构成了严重威胁。因此，水安全问题已经成为当前全球水科学研究的焦点。

"水安全"一词最早出现在 2000 年斯德哥尔摩（Stockholm）举行的水讨论会上。水安全指在一定流域或区域内，以可预见的技术、经济和社会发展水平为依据，以可持续发展为原则，水资源、洪水和水环境能够持续支撑经济社会发展规模、能够维护生态系统良性发展的状态。水资源、洪水和水环境三者之间联系紧密，共同构建了一个既复杂又不断变化的综合水安全系统[1]。水安全状况与经济社会和人类生态系统的可持续发展紧密相关。随着全球性资源危机的加剧，水安全已成为国家安全的一个重要内容，与国防安全、经济安全、金融安全有同等重要的战略地位。科学认识水安全问题，揭示水安全风险机理，优化水库群联合调度，以实现洪水、供水、生态安全的风险管控。

水库群联合调度系统是一个开放的复杂系统，在自然环境中受气候变化、人类活动、水文情势、用水需求、生态保护等多种因素的影响，呈现出多维不确定性、随机性、动态性、非线性特性。水库群联合调度方法是一种理论研究和实践应用的方法论，基于复杂适应系统理论与人工智能技术相结合的水库群联合调度理论和方法，可以解决水库群防洪-供水-生态调度中的关键科学问题和技术瓶颈。

1.1 水库调度的发展与挑战

水库调度是指运用水库的调蓄能力，按设计要求，通过水利枢纽的各种拦水建筑物和设施对河流的天然径流进行调节，在保障水库自身和上下游防护对象安全的前提下，充分发挥水库的综合利用效益，以达到兴利和减灾的目的[2]。

迄今为止，水库（群）调度方面的研究大致经历了常规调度和优化调度两个阶段。常规调度主要是以径流调节、水能计算的原理与方法为依据，探索水库调度方式并制定调度规则以指导水库的日常运行和管理[3]，该类方法简单直观，可操作性和实用性强，但常规调度的结果往往只是可行解而非优化解。相比之下，水库优化调度则以运筹学和水库调节计算理论为基础，将水库调度问题抽象为有限资源下的约束优化问题，利用系统工程、最优化理论及计算机编程技术，求解得到全局意义下的水库最优运行方案[4-5]。下面分别从单目标和多目标两个角度简要阐述水库（群）优化调度的研究概况。

大型水库一般都承担了防洪、发电、供水、航运、生态等多方面的任务，各种任务或水库群之间往往存在相互影响和制约，因此水库群联合调度系统是一个复杂适应系统，水库群多目标优化调度模型可通过两种方式求解：一种是通过约束法、权重法等将多目标问题转化为单目标问题进行求解；另一种是利用智能算法实现搜索的多向性和全局性，近年来被广泛应用在水库多目标优化调度领域[6]。

近几十年来，随着流域梯级水库群的建成，水库数量不断增加，水库间水力联系更加复杂，单库调度难以满足流域复杂多样的调度需求。在保障水库群自身及防护区域防洪安全的前提下，水库群联合调度系统对流域水库群进行统一调度，实现流域水资源利用的最大化[7]。此外，水库群联合调度系统内部具有关联性和补偿性，使得调度管理能够从流域整体出发，统筹兼顾各方面的因素，充分开发利用水资源，提高水资源利用率，然而，水库群联合调度在促进水资源的统一管理和高效利用的同时，也会扰动流域的生态系统和天然水文情势，引起一系列河流生态环境问题[8]。水库群是一个复杂巨系统，其调度过程属于分层分区控制的多信息、多目标、多阶段、效益风险博弈的协商决策过程，核心是提高系统的防洪与兴利效益[9]。

1981 年，张勇传等[10]以柘溪水库、凤滩水库为例，建立了水库群联合调度分解协调模型，寻求总体最优调度策略。1987 年，张勇传等[11]又提出了水库群优化调度的状态极值逐次优化解法，基于确定来水条件，建立水库群优化调度数学模型，从某一可行调度过程线开始，计算将收敛于的最优调度线。1983 年，Wasimi 和 Kitanidis[12]以洪涝灾害损失最小为目标，研究了美国艾奥瓦州（State of Iowa）得梅因河（Des Moines River）两座水库的联合防洪调度问题，并采用离散线性二次高斯算法求解，对中型洪水取得了较好的优化调度效果。国内学者从 20 世纪 90 年代开始研究小规模水库群（2～3 座）的联合防洪调度问题。1995 年，都金康等[13]以下游防洪控制站洪峰流量与安全泄量差值最小、水库拦蓄水量最小为目标，研究了三座并联水库的联合调度问题。1998 年，付湘和纪昌明[14]以分洪区分洪损失最小为目标，建立多维优化调度模型，研究了三峡水库和向家坝水库的联合防洪调度问题。2002 年，易淑珍等[15]以水库出库过程尽可能均匀且出库水量最小为目标，研究了澧水流域三座并联水库的联合防洪调度问题。2014 年，黄草等[16]建立了包含发电、河道外供水和河道内生态用水等目标的非线性优化调度模型，并提出了扩展型逐步优化算法，提高了非线性优化调度模型的求解效率与效能。2015 年，周研来等[17]推求了可权衡防洪与兴利之间矛盾的梯级水库群联合蓄水方案，可在不降低原防洪标准的前提下，提高梯级水库群的综合效益。2016 年，张睿等[18]建立了以总发电量最大、通航流量最大、时段保证出力最大为目标的梯级水库群多目标兴利调度模型，并采用多目标进化算法进行求解，得到了不同频率来水情况下的多目标兴利调度方案。2017 年，王学斌等[19]综合考虑水库不同目标间的矛盾性和统一性，构建了考虑生态和兴利的水库多目标优化调度模型，并提出了一种改进的非支配排序遗传算法（non-dominated sorting genetic algorithm，NSGA），能在较短时间内获取一组反映多目标之间非劣关系的调度方案集。2019 年，王丽萍等[20]建立了梯级水库群发电-供水-生态多目标优化调度模型，并提出三者间互馈关系的初步假设，进而引入结构方程模型，以非劣解集内各指标值为输入数据，进行高维验证性因子分析，针对目标间互馈关系给出可视化、定量化的计算结果。2020 年，蔡卓森等[21]建立以调度期内发电量最大和下游河道适宜生态流量改变度最小为目标的梯级水库群多目标优化调度模型，并用第二代非支配排序遗传算法（the second non-dominated sorting genetic algorithm，NSGA-II）求解，研究了兼顾下游生态流量的梯级水库群蓄水期优化调度方案。

上述这些水库群联合防洪调度主要考虑水库群下游的防洪安全，对水库群联合防洪调度过程中水库群防洪库容高效利用的研究较少，导致水库防洪库容的使用不合理。针对这个问题，国内外学者研究了水库群联合防洪调度中各水库防洪库容协调利用的方法。2008 年，Wei 和 Hsu[22]提出了一种水位指标平衡法，用水位指数表征水库风险等级，研究了水库防洪库容的利用问题。2013 年，何小聪等[23]考虑上游水库与三峡水库等比例使用防洪库容，研究了梯级水库群的联合防洪调度策略，提高了梯级水库群的防洪效益。2015 年，Zhang 等[24]将三峡水库的防洪库容分为三个区间，并考虑每一区间对应上游各水库防洪库容的使用比例与三峡水库防洪库容的使用比例相同，保证下游防洪安全，并避免了水库过早拦洪的问题。2017 年，周新春等[25]探讨了长江上游水库群间防洪库容的互用性，提出了基于库容互用性的水库群防洪调度方法。2019 年，康玲等[26]提出了长江上游水库群联合防洪调度系统非线性安全度策略，与线性安全度策略相比，所提策略在不降低对下游防洪效果的基础上，使得各水库防洪库容的使用相对均衡，各水库均衡地分摊防洪区域的防洪风险，保障了水库群系统的稳定安全运行。2020 年，胡向阳等[27]提出了兼顾"时-空-量-序-效"多维属性的模型功能结构，构建了长江上游水库群多区域协同防洪调度模型，挖掘长江上游水库群防洪调度潜力，提升了长江流域防洪调度管理水平。2021 年，周丽伟等[28]从理论上推导分析了河道洪水演进对水库防洪调度的影响，提出了水库群防洪库容利用等效比及其计算方法，定量研究了遭遇不同类型洪水时不同水库之间的防洪库容利用等效关系。2023 年，谢雨祚等[29]基于不降低原设计防洪标准的原则，探讨了五个典型年和三种设计频率情况下，金沙江下游梯级水库群和三峡水库防洪库容的互补等效关系。

1.2 水库群联合调度的关键问题

1.2.1 水库群防洪库容优化分配

水库群联合防洪调度研究中对水库群下游防洪安全的研究较为深入，相对而言对水库群防洪库容协同高效利用的研究较少，导致水库防洪库容的使用不合理。在保障下游区域防洪安全的前提下，探究各水库如何相互配合，科学合理地使用其防洪库容，提高水库群的整体防洪效益，是水库群联合防洪调度的一个复杂的关键问题，需要深入研究水库群防洪库容优化分配策略，实现水库群防洪库容的高效利用。此外，在水库群联合防洪调度中，各水库除了要承担所在河流的防洪任务外，还要预留部分防洪库容配合其他水库承担流域的防洪任务。因此，水库群联合防洪调度不仅要研究水库群防洪库容优化分配问题，实现各水库防洪库容的合理利用，降低水库群联合调度系统的整体防洪风险，还需要研究水库群防洪库容利用的相关性和有效性，为水库群防洪库容的高效利用提供理论依据。

1.2.2　水库群调度规则的设计和优化

从以上分析可知，无论是单目标还是多目标水库（群）优化调度建模技术及其求解方法已日趋成熟和完善。然而，传统水库群优化调度建模将重点都放在了系统的模型化描述上，即如何将调度任务或要求表达为目标函数，如何把水库的水位、泄流量、出力等状态或决策变量限制及上下游水力联系等表示为约束条件，而对水库群联合调度时水库间的水文补偿和库容补偿协调机制的研究与考虑不足，导致水库群联合优化调度的结果往往只是理想条件下的全局最优解，影响优化调度结果在实际水利工程调度中的指导作用。因此，近年来，以水库群联合调度协调补偿机制为基础，运用专家的知识和经验，设计并抽象概化具有实际意义的水库群联合调度规则，并通过调度模型与优化技术相结合的方法提取优化调度规则方案成为研究的热点。

1.2.3　调度方案的智能决策

一方面，进入 21 世纪以来，随着我国大批水库的建成和投入使用，水库群多目标优化调度已是新时期水库运用的常态。另一方面，人工智能算法的发展给水库群多目标优化调度问题的求解提供了高效、可行的新技术。但是，水库群多目标优化调度模型仅仅只是解决了非劣调度方案集的生成问题，由于水库群联合调度涉及面广、需要考虑各方面的因素，在实际应用中，调度方案的优选问题也是困扰决策者的一大难题。当前水库（群）优化调度方案多属性决策方法方面的研究还比较薄弱，传统聚合类方法均避免不了方案决策矩阵规范化及评价指标权重系数的确定，绝大多数权重系数的确定方法都带有一定的主观人为因素，此外，各类方法对标量化聚合指标还没有统一、规范的定义。因此，研究水库（群）优化调度方案多属性决策方法，实现对调度方案的综合评价、偏好排序和筛选也是亟待解决的关键科学问题。

1.2.4　面向生态目标的调度方法

随着干支流水库的不断建成运用，梯级水利枢纽的叠加效应将更大程度地改变库区及河流的水文情势和水动力条件，进而对河流生态系统产生更为复杂的影响，可能危及区域生态安全。长江上游的大多数鱼类习惯生活于流水环境中，其形态结构、生理机能和生态习性均与栖息的流水环境相适应。适宜生境的萎缩，压缩了水生生物的生存空间[30]。长江上游被大坝阻隔，生境破碎化，使得中华鲟、白鲟、达氏鲟等物种不能在历史上原有的产卵场自然繁殖，尽管在葛洲坝水库下游形成了中华鲟新的产卵场，但繁殖规模极其有限。目前，生态调度工作的技术基础仍显薄弱，随着水库群规模的不断扩大，水库群生态调度在广度和深度上要不断拓宽与加强，生态调度工作任重而道远。

1.3　研究区域概况

1.3.1　长江基本概况

长江干流自西而东横贯中国中部，数百条支流辐辏南北，全长 6 300 余千米，是中国第一大河、世界第三大河。长江发源于青藏高原的唐古拉山脉主峰各拉丹冬雪山，干流先后流经青海、四川、西藏、云南、重庆、湖北、湖南、江西、安徽、江苏、上海共11 个省（自治区、直辖市），最后注入东海。流域面积约 180 万 km^2，约占全国陆地总面积的 1/5，年入海水量 9 513 亿 m^3，占全国河流总入海水量的 1/3 以上。

长江干流宜昌以上为上游，长 4 504 km，流域面积 100 万 km^2，其中直门达至宜宾称金沙江段，长 3 464 km，宜宾至宜昌又称川江段，长 1 040 km。宜昌至湖口为中游，长955 km，流域面积 68 万 km^2。湖口至崇明岛入海口为下游，长 938 km，流域面积 12 万 km^2。

长江是我国水资源配置的战略水源地。长江流域水资源丰富，至 2017 年多年平均水资源量为 9 959 亿 m^3，约占全国的 36%，居全国各大江河之首，单位国土面积水资源量为59.5 万 m^3，约为全国平均值的 2 倍。每年长江供水量超过 2 000 亿 m^3，支撑长江流域经济社会供水安全。通过南水北调、江水北调和江水东引等引调水工程的建设，惠泽流域外广大地区，保障供水安全。根据《长江流域及西南诸河水资源公报》，2022 年南水北调中线一期工程、南水北调东线一期工程、江水北调工程和江水东引工程等引调长江水量达255.36 亿 m^3。

长江中上游也是实施清洁能源战略的主要基地。根据水利部长江水利委员会官网，长江流域是我国水能资源最为富集的地区，水力资源理论蕴藏量达 30.05 万 MW，年理论蕴藏电量达 2.67 万亿 kW·h，约占全国的 40%；技术可开发装机容量为 28.1 万 MW，年发电量为 1.30 万亿 kW·h，分别占全国的 47% 和 48%，是我国水电开发的主要基地。此外，长江是连接我国东中西部的"黄金水道"。长江水系航运资源丰富，3 600 多条通航河流的总计通航里程超过 7.1 万 km，占全国内河通航总里程的 56%；通航能力大，约占全国水路货运量的 70%。长江中上游研究区域已建成的六座巨型水库如图 1.1 所示，其中五座进入世界装机总量十大水库行列，分别为三峡水库（排名第 1）、白鹤滩水库（排名第 2）、溪洛渡水库（排名第 4）、乌东德水库（排名第 7）、向家坝水库（排名第 8）。

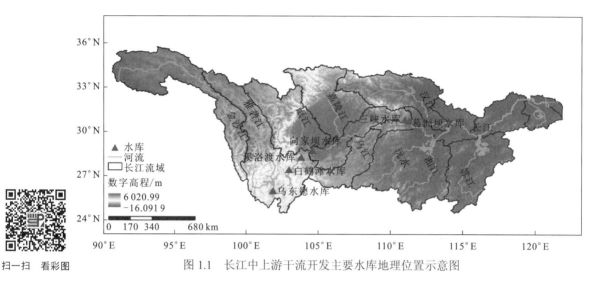

图 1.1　长江中上游干流开发主要水库地理位置示意图

1.3.2　地貌特征

　　长江上游金沙江流域地处青藏高原和滇北高原，流域内规模如此巨大的高山深谷地貌，为世界所罕见。川江流域地势自西北向东南倾斜，四周高山迭起，中部广大的中低山和丘陵地区构成了著名的四川盆地，其中成都平原平均海拔 400～500 m。奉节以下为雄伟险峻的三峡河段（瞿塘峡、巫峡、西陵峡），长约 200 km，巫山山脉纵贯其间，海拔为 1 000～1 500 m，沿江两岸峰峦起伏，岸壁陡峭。

　　长江中游河段所经之地为冲积平原，两岸地势低洼，大多有堤防控制，河宽多为800～1 200 m；河道坡降平缓，为 0.02‰～0.048‰。宜昌至枝城河段两岸主要是侵蚀低山丘陵、河流阶地和河漫滩，组成不同的岸坡形态和结构。枝城至城陵矶河段两岸地貌大致有两种类型：剥蚀丘陵和冲积平原，荆江两岸为冲积平原。

　　城陵矶至汉口河段两岸绝大部分为冲积平原，在江南部分有少量第一、二级阶地。其间有对河势起控制作用的孤山矶头。汉口至湖口河段两岸除冲积平原外，尚有较多的丘陵、低山和控制河势的基岩构成的矶头。

1.3.3　气候水文特点

　　长江进入金沙江段后，穿行于横断山脉之中。由于地势西北高，东南低，山高谷深，垂直落差大，地形复杂，因而各种气候类型并存，具有"立体气候"特征。金沙江地区属于高原气候和中亚热带气候两大类型，分界线在香格里拉、木里和泸宁一线（北纬 28°附近）。沿垂直方向，金沙江地区海拔 1 000 m 以下的河谷和平坝为热带气候，1 000～2 000 m 的丘陵山地为亚热带气候，2 000～3 000 m 的山腰地区为温带气候，3 000 m 以上的高山区为高原气候。金沙江地区年降水量在 600～1 000 mm，其分布与本地区地形趋势正相反，东南多，西北少。

四川盆地的气候温和湿润。这里地处副热带纬度上，四周被海拔 1 500～3 000 m 的山地和高原所包围，冷空气不易侵入，于是形成一种气象要素年变化和日变化均小、冬无严寒、夏无酷暑的封闭式气候。

长江中下游地区普遍为海拔较低的丘陵和平原，北与华北平原相通，东临太平洋，南与南岭、珠江三角洲相接，冷暖空气活动无地形阻滞，东亚季风活动非常明显。气候四季分明，大体上 3～4 月为春季，5～8 月为夏季，9～10 月为秋季，11 月～次年 2 月为冬季。冬夏两季稍长，春秋两季较短，并明显具有过渡性特征。

长江流域的降水与季风活动密切相关。冬季流域盛行来源于极地和亚洲高纬度地区寒冷而干燥的冷空气，降水很少；夏季则盛行分别来自太平洋和印度洋的挟带着大量水汽的东南季风与西南季风，在季风进退与冷暖气流交锋过程中，形成降水；春秋两季的降水量少于夏季，多于冬季。长江流域多山的地形也有利于大气降水，通常山地降水多于平原。

长江流域多年平均降水量近 1 100 mm，高于全国年平均降水量，仅低于华南沿海地区。雨季从 4 月至 10 月，长达 7 个月，其降水量可占年降水量的 85% 左右，其中夏季降水量占比较大。在地区分布上，金沙江、岷江、嘉陵江、汉江四大水系的上游，即流域西部和北部边缘降水较少，其他地区的年降水量多在 1 000 mm 以上，年降水量的趋势是中下游地区大于上游地区，江南大于江北。

1.3.4 洪水时空分布特征

长江水量丰富，但时空分布不均。在空间分布上，各水系每平方千米年径流量从 85.3 万 m³ 到 32.6 万 m³，变化范围大。从时间分配看，存在明显的汛期与枯期，汛期水量占全年水量的 70%～75%；长江干流月平均流量最大值是最小值的 12～20 倍，年径流量最大值是最小值的 1.2～2.2 倍。

长江流域洪水主要由暴雨形成。年暴雨日数分布的总趋势是：在长江中下游地区，年暴雨日数自东南向西北递减；在长江上游，年暴雨日数自四川盆地西北部边缘向盆地腹部及西部高原递减；山区暴雨多于河谷及平原。长江流域有五个暴雨区，其平均年暴雨日数均在 5 天以上，按范围大小依次是：①江西暴雨区，主要分布在江西北部和安徽一小部分，有两个暴雨中心，一个位于江西甘坊，一个位于安徽黄山，黄山气象站平均年暴雨日数为 8.9 天，是全流域暴雨最多之地；②川西暴雨区，有两个暴雨中心，一个位于峨眉山，另一个位于岷江汉王场，两地的年暴雨日数均为 6.9 天；③湘西北、鄂西南暴雨区，有两个暴雨中心，一个位于清江流域建始，另一个位于澧水流域大坪，大坪站年暴雨日数为 8.7 天；④大巴山暴雨区，暴雨中心分别位于四川万源和重庆巫溪，年暴雨日数分别为 5.8 天和 7.7 天；⑤大别山暴雨区，暴雨中心为湖北英山田桥站，年暴雨日数为 6.6 天。

在正常情况下，干支流洪水发生时间与各地区雨季相应，一般中下游早于上游。鄱阳湖、洞庭湖洪水发生最早，为 4～7 月；乌江为 5～9 月；金沙江、上游北岸支流、汉江为 6~10 月。长江中下游洪水与上游洪水遭遇，则可形成流域性大洪水，如 1954 年洪水、1998 年洪水、2020 年洪水。当部分地区暴雨集中，强度特大时，也可形成地区性大洪水，如 1935 年洪水、1981 年洪水。

1）1954 年洪水

1954 年 7 月下旬~8 月的宜昌洪水过程既与宜昌—螺山区间洪水遭遇，又与汉江洪水遭遇。

1954 年梅雨自 6 月 12 日至 7 月 31 日长达 50 天之久。梅雨期中，暴雨持续不断，宜昌洪水不断上涨，并不断与宜昌—螺山区间洪水遭遇。出现在 8 月的这次遭遇洪水，是由梅雨末期及梅雨期后的两次暴雨过程形成的，这三次暴雨过程一次紧接着一次，宜昌站日平均流量自 7 月 28 日的 43 000 m³/s 持续上涨至 8 月 8 日的 66 200 m³/s。相应地，沙市—螺山区间也发生较大洪水，沙市—螺山区间总入流洪峰流量达 39 500 m³/s，由于它们相互遭遇，螺山站 8 月 8 日出现 77 500 m³/s 的洪峰流量。螺山洪水在向下游传播时又与汉江最大 30 天洪量遭遇，使得汉口站发生了有实测记录以来的最大洪水。

宜昌的这次洪水主要来自金沙江和乌江，其次是嘉陵江。宜昌—螺山区间洪水主要来自沅水和澧水。清江基本没有发生洪水。8 月初的一次暴雨发生在嘉陵江、汉江并逐步向东北方向移动，导致汉江发生洪水。因此，这次汉口遭遇的洪水，主要是由金沙江、乌江、沅水、澧水及汉江洪水相互遭遇形成的。

由于长江中上游洪水的全面遭遇，而此次洪水的起涨流量已达 53 500 m³/s，汉口水位出现了自 1865 年有实测记录以来的最大值。实测最高水位为 29.73 m（8 月 15 日）。

2）1998 年洪水

1998 年长江洪水遭遇方式与 1954 年不同。6 月中旬~7 月初，洞庭湖、鄱阳湖发生洪水，洞庭湖洪水传播至长江下游时，与鄱阳湖洪水发生遭遇；7 月中旬~8 月初宜昌洪水过程与宜昌—螺山区间洪水遭遇；8 月宜昌洪水过程与宜昌—螺山区间洪水及汉江洪水遭遇。

1998 年长江流域出现"二度梅"，第一度梅雨出现在 6 月 11 日~7 月 3 日，该阶段强降雨带稳定维持在洞庭湖、鄱阳湖水系，这阶段的梅雨降水又可明显地分为两个集中期，6 月 11~26 日为第一期，降雨主要集中在长江中下游干流以南，呈一条东西向分布的降雨带，有两次暴雨过程，第二期为 6 月 27 日~7 月 3 日，此时的主要降雨区在清江、洞庭湖水系沅水和澧水，并波及三峡库区。由于前期暴雨中心的走向是由西向东，长江中游宜昌—螺山区间于 6 月 9 日~7 月 9 日发生总入流年最大 30 天洪量，比湖口 6 月 15 日~7 月 15 日发生的总入流年最大 30 天洪量提前出现了 6 天。当宜昌—螺山区间洪水传播至九江至大通河段时，正好与鄱阳湖注入长江的洪水遭遇，滔滔两路洪水几乎同时涌入九江至大通河段，沿江水位迅速抬高，长江下游的武穴站、九江站、安庆站、大通站等从 6 月 24 日至 27 日依次到达警戒水位。

第二度梅雨出现在 7 月 16~31 日，该阶段强降雨带在长江中下游干流及江南地区，沅水、澧水、资水局部、汉江下游、鄂东北、鄂东南和鄱阳湖水系的信江、饶河、抚河、赣江下游、修水等地出现大暴雨，有三次暴雨过程。此前 7 月 4～15 日长江上游已出现了大的降雨过程，宜昌站日平均流量自 7 月 10 日的 48 510 m^3/s 持续上涨至 7 月 17 日的 55 600 m^3/s，宜昌—螺山区间受第二度梅雨影响，出现较大洪水，宜昌洪水与宜昌—螺山区间洪水遭遇，使螺山站 7 月 26 日出现 67 500 m^3/s 的洪峰流量。宜昌的这次洪水主要来自金沙江、岷江及嘉陵江，宜昌—螺山区间洪水主要来自沅水和澧水。

8 月降水主要位于四川盆地、清江及汉江，有四次暴雨过程。由于长江上游暴雨频繁，宜昌站出现了 5 次洪峰，其中 8 月 7～17 日内，连续出现 3 次洪峰，且均超过 60 000 m^3/s，致使长江中游水位不断升高。8 月 16 日宜昌站洪峰流量达到 63 300 m^3/s，为 1998 年的最大洪峰，洪峰在向中下游推进过程中，与清江、洞庭湖及汉江洪水遭遇，中游各水文站于 8 月中旬相继达到最高水位，其中枝城站、汉口站、黄石站、安庆站、大通站五站水位排历史记录第二位，沙市站、石首站、监利站、莲花塘站、螺山站、武穴站、九江站等水位排历史记录首位。

3）2020 年洪水

2020 年 8 月 17 日 14 时，受强降雨影响，长江上游支流岷江、沱江、嘉陵江发生超警戒水位的洪水，涪江发生超保证水位的洪水。

2020 年 8 月 17 日 14 时，水利部长江水利委员会水文局正式发布，"长江 2020 年第 5 号洪水"在长江上游形成。预计，19 日寸滩站洪峰水位将超保证水位 3～4 m，三峡水库最大入库流量在 70 000 m^3/s 左右。

2020 年 8 月 22 日，新华社武汉实时水情显示，22 日 8 时，三峡水库出现最高调洪水位 167.65 m，随后逐渐转退。"长江 2020 年第 5 号洪水"顺利通过三峡水库。167.65 m 也是三峡水库 2003 年建库以来的最高调洪水位。17 日 14 时，长江干流寸滩站流量涨至 50 400 m^3/s，达到洪水编号标准，"长江 2020 年第 5 号洪水"在长江上游形成。此次洪水期间，三峡水库入库峰值流量为 75 000 m^3/s，最大出库流量为 49 400 m^3/s，削峰率为 34.1%。

第2章 非线性河道洪水演算方法

洪水在河道内的传播过程极其复杂,天然河道内的洪水流动属于非恒定流,水力要素随时间变化,河道槽蓄水量与断面流量之间呈现非线性关系(即绳套关系),因此,要想进行科学的水库群联合防洪调度,需要先研究能准确描述洪水在河道内非线性传播过程的非线性河道洪水演算方法[31],探究洪水在河道内复杂的非线性演进过程,为水库群联合防洪调度提供下游防洪保护对象的准确洪水信息。

目前的河道洪水演算方法可以分为水力学方法和水文学方法。水力学方法利用数值求解技术直接求解完整或简化的圣维南(Saint-Venant)方程组,对地形资料的要求较高,需要详细的河道地形及断面资料,演算精度较高,但计算耗时较长,圣维南方程组的数值求解方法包括有限差分法、特征法、有限元法和有限分析法等。水文学方法以圣维南方程组简化得到的水量平衡方程和河道槽蓄方程为基础,研究洪水在河道里的运动状态,水文学方法仅需要水文站的实测流量数据来优选模型参数,计算方便快捷,在实际水利工程中得到了长期广泛的应用。水文学方法包括马斯京根(Muskingum)法、特征河长法、相应水位(流量)法、滞后演算法、脉冲演算法、马斯京根-康吉(Muskingum-Cunge)模型等。

河道洪水演算模型的计算速度会影响水库群联合防洪调度的实时性,并且考虑到目前我国大多数河道还没有获取完备的地形数据,因此,综合考虑资料需求、演算精度及计算速度之后,在水库群联合防洪调度中,河道洪水演进马斯京根法得到了广泛应用[32]。

河道洪水演算中常用的线性马斯京根模型(linear Muskingum model,LMM),假设河道槽蓄水量与示储流量之间存在线性关系,而天然河道内洪水流动属于非恒定流,河道槽蓄水量与示储流量之间的关系往往是非线性的,因此,本章研究非线性河道洪水演算方法以提高河道洪水演算精度。

2.1 LMM

LMM 均假设河段槽蓄水量和示储流量之间是线性相关的,这种假设与实际不符,尤其在大中型河床的中下游段,河流坡降小,水流速度随水位的升高而快速增加,即存在非线性作用。因此,必须采用非线性槽蓄方程反映这种关系,才能更好地满足实际工程的需要。随着研究的不断深入,国内外学者相继建立了多种形式的非线性马斯京根模型。一般来说，河段上、下断面的流量和槽蓄水量之间存在非线性关系[33]，如式（2.1）～式（2.4）所示。

$$I_t = ay_t^n \qquad (2.1)$$

$$O_t = ay_t^n \qquad (2.2)$$

$$S_{\text{in},t} = by_t^m \qquad (2.3)$$

$$S_{\text{out},t} = by_t^m \qquad (2.4)$$

式中：I_t 为河段 t 时刻入流断面的流量，m^3/s；O_t 为河段 t 时刻出流断面的流量，m^3/s；y_t 为河段 t 时刻的有效水深，m；$S_{\text{in},t}$ 为河段 t 时刻入流断面的槽蓄水量，m^3；$S_{\text{out},t}$ 为河段 t 时刻出流断面的槽蓄水量，m^3；n 为体现河道断面流量与有效水深之间非线性关系的指数；a 为体现河道断面流量与有效水深幂指数之间线性关系的系数；m 为体现河道断面槽蓄水量与有效水深之间非线性关系的指数；b 为体现河道断面槽蓄水量与有效水深幂指数之间线性关系的系数。

针对 LMM 存在的不足，研究天然河道槽蓄水量与示储流量的非线性变化规律，通过研究模型参数随入流断面流量的变化，提出变幂指数非线性马斯京根模型和变参数非线性马斯京根模型，准确地模拟洪水在河道内的非线性传播过程，有效提高马斯京根法演算精度，为下一步研究水库群防洪库容优化分配模型提供技术基础。

2.2　非线性马斯京根模型

2.2.1　变幂指数非线性马斯京根模型

1. 模型构建

现有马斯京根模型大多没考虑河道旁侧入流对演算精度的影响，针对此问题，基于水文比拟法的原理，将河道旁侧入流与入流断面流量合并，认为影响河道区间径流的各项因素与影响河道入流断面上游区域径流的各项因素相似，假设河道区间产流量与河道入流断面上游区域产流量成正比，且河道旁侧入流沿着垂直方向均匀地汇入河道，如图 2.1 所示，河道旁侧入流流量是入流断面流量的 β 倍，即 $I_t^{\text{lat}} = \beta I_t$。整个河段的水量平衡方程可以表达为

$$\frac{\text{d}S_t}{\text{d}t} = (1+\beta)I_t - O_t \qquad (2.5)$$

式中：S_t 为河段 t 时刻的槽蓄水量，m^3；β 为旁侧入流系数，表征河道旁侧入流流量相对于入流断面流量的大小。

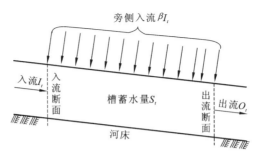

图 2.1　河道旁侧入流示意图

假设河道入流断面流量与河道有效水深之间、出流断面流量与河道有效水深之间具有相同的非线性关系，入流断面槽蓄水量与河道有效水深之间、出流断面槽蓄水量与河道有效水深之间也具有相同的非线性关系，则考虑河道旁侧入流的影响后，河道入流和出流断面的流量及槽蓄水量与有效水深存在如下关系式：

$$(1+\beta)I_t = ay_t^n \tag{2.6}$$

$$O_t = ay_t^n \tag{2.7}$$

$$S_{\mathrm{in},t} = by_t^m \tag{2.8}$$

$$S_{\mathrm{out},t} = by_t^m \tag{2.9}$$

联立式（2.6）～式（2.9），消除 y_t 后可整理得

$$S_{\mathrm{in},t} = \frac{b}{a^{m/n}}[(1+\beta)I_t]^{m/n} \tag{2.10}$$

$$S_{\mathrm{out},t} = \frac{b}{a^{m/n}}O_t^{m/n} \tag{2.11}$$

考虑到不稳定流的复杂性和马斯京根模型的本质，河道槽蓄水量与入流断面及出流断面槽蓄水量存在幂函数的关系，即

$$S_t = [xS_{\mathrm{in},t} + (1-x)S_{\mathrm{out},t}]^p \tag{2.12}$$

式中：x 为流量比重系数；p 为幂指数。将式（2.10）和式（2.11）代入式（2.12）后可得考虑旁侧入流的四参数非线性马斯京根模型（four-parameter nonlinear Muskingum model considering lateral flow，4PNMM-L）的槽蓄方程，即

$$S_t = k\{x[(1+\beta)I_t]^\lambda + (1-x)O_t^\lambda\}^p \tag{2.13}$$

式中：$k = (b/a^{m/n})^p$，为流量传播系数；$\lambda = \dfrac{m}{n}$，为流量幂指数。

在天然河道内，特别是在复式河道内，随着水位上涨（流量增大），水面变宽，河道内洪水流动特性改变，模型参数也会发生相应的变化。4PNMM-L 虽然研究了河道旁侧入流对出流断面流量的影响，但是没有研究天然河道内模型参数随入流断面流量变化对河道洪水演算的影响。针对这种问题，本节研究 4PNMM-L 的幂指数 p 随入流断面流量的变化，提出了考虑旁侧入流的变幂指数四参数非线性马斯京根模型（variable exponential four-parameter nonlinear Muskingum model considering lateral flow，VEP-4PNMM-L），该模型不仅考虑了河道的旁侧入流，而且研究了天然河道模型参数随

流量变化的因素，其水量平衡方程如式（2.1）所示，槽蓄方程如式（2.14）所示。

$$S_t = k\{x[(1+\beta)I_t]^{\lambda} + (1-x)O_t^{\lambda}\}^{p(I_t)} \tag{2.14}$$

其中，流量传播系数 k、流量比重系数 x、旁侧入流系数 β 和流量幂指数 λ 是模型的固定参数，幂指数 $p(I_t)$ 是模型的可变参数，随入流断面流量的变化而变化。

为了研究模型参数随入流断面流量的变化规律，Easa[34]提出了一种入流断面流量分段方法，用参数 $z_i (i=1,2,\cdots,L-1)$ 将入流断面流量分为 L 段，且第 i 段入流断面流量的上限 u_i 为参数 z_i 与入流断面最大流量 $I_{\max}$ 的乘积，其中 $0 \leqslant z_i \leqslant 1$。但该入流断面流量分段方法存在以下不足：在基流较大的河流中，河道入流断面流量的最小值较大，模型参数优选时会存在入流断面流量上限 u_i 小于河道入流断面流量最小值的可能，从而没有实测流量资料来估计 u_i 以下分段对应的参数，导致 u_i 以下分段对应的模型参数没有实际意义，这不仅影响模型参数优选时优化算法的计算效率，而且影响模型的洪水演算精度。

为了克服 Easa[34]提出的入流断面流量分段方法的缺点，本节在入流断面流量分段时，只对河道入流断面最小流量和最大流量之间的部分分段，提出一种新的入流断面流量分段方法，假设将入流断面流量分为 L 段，则第 i 段入流断面流量的上限 $u_i (i=1,2,\cdots,L-1)$ 满足：

$$u_i = I_{\min} + z_i(I_{\max} - I_{\min}), \qquad i=1,2,\cdots,L-1 \tag{2.15}$$

式中：$I_{\min}$ 为入流断面流量的最小值，m^3/s；$I_{\max}$ 为入流断面流量的最大值，m^3/s；$z_i \in [0,1]$，为流量分段参数。

利用新的入流断面流量分段方法对河道入流断面流量分段后，VEP-4PNMM-L 的幂指数 $p(I_t)$ 随河道入流断面流量 I_t 变化的示意图如图2.2所示，$p(I_t)$ 的数学表达式如式（2.16）所示。

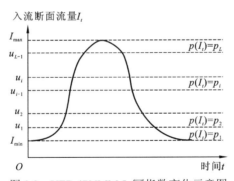

图 2.2　VEP-4PNMM-L 幂指数变化示意图

$$p(I_t) = h(t) = \begin{cases} p_1, & I_t < u_1 \\ p_2, & u_1 \leqslant I_t < u_2 \\ \cdots \\ p_i, & u_{i-1} \leqslant I_t < u_i \\ \cdots \\ p_L, & I_t \geqslant u_{L-1} \end{cases} \tag{2.16}$$

式中：$h(t)$ 为幂指数 $p(I_t)$ 与时间 t 的函数关系；$p_i(i=1,2,\cdots,L)$ 为 VEP-4PNMM-L 对应不同入流断面流量分段的幂指数。

2. 模型演算流程

对式（2.14）进行整理可得河道出流断面流量计算公式，为

$$O_t = \left\{ \frac{1}{1-x}\left(\frac{S_t}{k}\right)^{1/p(I_t)} - \frac{x\left[(1+\beta)I_t\right]^{\lambda}}{1-x} \right\}^{1/\lambda} \tag{2.17}$$

将式（2.17）代入式（2.5）中，得到河道槽蓄水量的变化量，为

$$\frac{\mathrm{d}S_t}{\mathrm{d}t} = (1+\beta)I_t - O_t = (1+\beta)I_t - \left\{ \frac{1}{1-x}\left(\frac{S_t}{k}\right)^{1/p(I_t)} - \frac{x\left[(1+\beta)I_t\right]^{\lambda}}{1-x} \right\}^{1/\lambda} \tag{2.18}$$

因此，通过迭代法可以根据河道入流断面的流量过程计算出流断面的流量过程，VEP-4PNMM-L 的演算流程如下。

（1）对 VEP-4PNMM-L 的参数 k、x、β、λ、$p_i(i=1,2,\cdots,L)$、$z_i(i=1,2,\cdots,L-1)$ 赋值，并利用式（2.15）计算 $u_i(i=1,2,\cdots,L-1)$，利用式（2.16）计算模型每个时刻的参数 $p(I_t)$。

（2）将初始时刻入流断面的流量 I_0 赋值给初始时刻出流断面演算流量 $O_{c,0}$，并利用式（2.19）计算河道的初始槽蓄水量 S_0。

$$S_0 = k\left\{ x[(1+\beta)I_0]^{\lambda} + (1-x)O_{c,0}^{\lambda} \right\}^{p(I_0)} \tag{2.19}$$

（3）利用式（2.20）计算河道槽蓄水量在 t 时段的变化率 d_t。

$$d_t = \frac{\mathrm{d}S_t}{\mathrm{d}t} = (1+\beta)I_t - \left\{ \frac{1}{1-x}\left(\frac{S_t}{k}\right)^{1/p(I_t)} - \frac{x\left[(1+\beta)I_t\right]^{\lambda}}{1-x} \right\}^{1/\lambda}, \quad t=0,1,2,\cdots,T-1 \tag{2.20}$$

式中：T 为总时段个数。

（4）计算河道 t 时刻的槽蓄水量 S_t。

$$S_{t+1} = S_t + d_t\Delta t, \quad t=0,1,2,\cdots,T-1 \tag{2.21}$$

式中：Δt 为单位时段长度，s。

（5）根据河道 t 时刻的槽蓄水量和 $t-1$ 时刻入流断面的流量，利用式（2.22）计算河道 t 时刻出流断面的演算流量 $O_{c,t}$。

$$O_{c,t} = \left\{ \frac{1}{1-x}\left(\frac{S_t}{k}\right)^{1/p(I_t)} - \frac{x\left[(1+\beta)I_{t-1}\right]^{\lambda}}{1-x} \right\}^{1/\lambda}, \quad t=1,2,\cdots,T \tag{2.22}$$

相关研究成果表明，用 I_{t-1} 代替 I_t 能使模型得到更为准确的出流断面演算流量过程[35]。

（6）如果时刻 $t \leqslant T$，设置 $t=t+1$，并转到步骤（3），否则，模型演算流程结束。

3. 模型参数优选

VEP-4PNMM-L 的参数优选是一个最小化类型的约束优化问题，可以从目标函数和约束条件两个方面来阐述。

1）目标函数

本章以河道出流断面演算流量与实测流量误差的平方和（SSQ）最小为目标函数来优选马斯京根模型的参数，即

$$\min f = \text{SSQ} = \sum_{t=0}^{T} (O_{c,t} - O_{o,t})^2 \tag{2.23}$$

式中：$O_{c,t}$ 为河道 t 时刻出流断面演算流量，m^3/s；$O_{o,t}$ 为河道 t 时刻出流断面实测流量，m^3/s；T 为总时段个数。

2）约束条件

当模型的参数不可行时，模型演算流程式（2.21）和式（2.22）中的 S_t 与 $O_{c,t}$ 可能出现负值，这是不合理的，这会导致演算流程中某些变量出现非数值的问题，使演算流程不能正常运行。因此，为了保证演算流程的正常运行，当 $S_t < 0$ 和 $O_{c,t} < 0$ 时，对 S_t 和 $O_{c,t}$ 做如下特殊处理，如式（2.24）和式（2.25）所示，并在优化时对此时模型参数组成的解增加一个惩罚约束，以将其标记为不可行解。

$$S_t^r = \varepsilon_1 |S_t| \tag{2.24}$$

$$O_{c,t}^r = \varepsilon_2 |O_{c,t}| \tag{2.25}$$

式中：S_t^r 为处理后河道 t 时刻的槽蓄水量，m^3；$O_{c,t}^r$ 为处理后河道 t 时刻出流断面的演算流量，m^3/s；ε_1 和 ε_2 均为很小的常数。

在 VEP-4PNMM-L 进行参数优选时，为了保证 u_i 随分段 i 递增变化，模型流量分段参数 z_i 也应随分段 i 递增变化，即当入流断面流量 I_t 被 u_i 分的段数 $L>2$ 时，还应保证：

$$z_{i-1} \leqslant z_i, \quad i = 2, 3, \cdots, L-1 \tag{2.26}$$

2.2.2 变参数非线性马斯京根模型

1. 模型构建

本节以常用的三参数非线性马斯京根模型（three-parameter nonlinear Muskingum model，3PNMM）为基础，采用 2.2.1 小节新提出的入流断面流量分段方法对入流断面流量分段，研究 3PNMM 三个参数随河道入流断面流量的变化，探究模型参数随河道流量变化的机理。

3PNMM 的水量平衡方程和槽蓄方程分别如式（2.27）式（2.28）所示。

$$\frac{\mathrm{d}S_t}{\mathrm{d}t} = I_t - O_t \tag{2.27}$$

$$S_t = k[xI_t + (1-x)O_t]^p \tag{2.28}$$

式中：k、x 和 p 分别为 3PNMM 的流量传播系数、流量比重系数和幂指数。

3PNMM 的流量传播系数 k 表征河道稳定流情况下从河道上断面至河道下断面的水流演进时间，一般洪水的量级不同，该水流演进时间也不相同；3PNMM 的流量比重系

数 x 表征河道入流断面和出流断面流量对河道槽蓄水量的影响程度，研究发现 x 具有随流量增加而减小的趋势。Easa[34]考虑 3PNMM 的幂指数 p 随河道入流断面流量的变化，探究了 3PNMM 幂指数 p 随河道流量的变化规律，提高了演算精度。因此，3PNMM 的流量传播系数 k、流量比重系数 x 和幂指数 p 均应随河道入流断面流量变化。

本节考虑 3PNMM 的参数 k、x 和 p 均随河道入流断面流量变化，提出一种非连续变三参数非线性马斯京根模型（discontinuous variable three-parameter nonlinear Muskingum model，DV-3PNMM），其水量平衡方程和槽蓄方程分别如式（2.27）和式（2.29）所示。

$$S_t = k(I_t)\{x(I_t)I_t + [1 - x(I_t)]O_t\}^{p(I_t)} \tag{2.29}$$

式中：$k(I_t)$、$x(I_t)$ 和 $p(I_t)$ 分别为 DV-3PNMM 的流量传播系数、流量比重系数和幂指数，均是与入流断面流量有关的函数。运用流量分段参数 $z_{k,i}$、$z_{x,i}$ 和 $z_{p,i}$ 分别将入流断面流量分段，且 $k(I_t)$、$x(I_t)$ 和 $p(I_t)$ 三个参数对应的入流断面流量分段参数均不相同（即 $z_{k,i} \neq z_{x,i} \neq z_{p,i}$），因而，三个参数对应的入流断面分段上限流量均不相同（即 $u_{k,i} \neq u_{x,i} \neq u_{p,i}$）。以流量传播系数 $k(I_t)$ 为例，利用流量分段参数 $z_{k,i}(i=1,2,\cdots,L-1)$ 将入流断面最小流量和最大流量之间的部分分为 L 段，并认为不同入流断面流量分段对应的 DV-3PNMM 的参数 $k(I_t)$ 不同，且第 i 段入流断面流量上限 $u_{k,i}(i=1,2,\cdots,L-1)$ 满足式（2.30），则流量传播系数 $k(I_t)$ 的数学表达式为式（2.31）。

$$u_{k,i} = I_{\min} + z_{k,i}(I_{\max} - I_{\min}), \quad i = 1,2,\cdots,L-1 \tag{2.30}$$

$$k(I_t) = h_k(t) = \begin{cases} k_1, & I_t < u_{k,1} \\ k_2, & u_{k,1} \leqslant I_t < u_{k,2} \\ \cdots \\ k_i, & u_{k,i-1} \leqslant I_t < u_{k,i} \\ \cdots \\ k_L, & I_t \geqslant u_{k,L-1} \end{cases} \tag{2.31}$$

式中：$I_{\min}$ 为入流断面流量的最小值，m^3/s；$I_{\max}$ 为入流断面流量的最大值，m^3/s；$z_{k,i}$ 为流量分段参数，$z_{k,i} \in [0,1]$；$h_k(t)$ 为流量传播系数 $k(I_t)$ 与时间的函数；$k_i(i=1,2,\cdots,L)$ 为不同入流断面流量分段对应的流量传播系数。同理，对于 DV-3PNMM 的流量比重系数 $x(I_t)$ 和幂指数 $p(I_t)$ 有式（2.32）～式（2.35）的关系。

$$u_{x,i} = I_{\min} + z_{x,i}(I_{\max} - I_{\min}), \quad i = 1,2,\cdots,L-1 \tag{2.32}$$

$$u_{p,i} = I_{\min} + z_{p,i}(I_{\max} - I_{\min}), \quad i = 1,2,\cdots,L-1 \tag{2.33}$$

$$x(I_t) = h_x(t) = \begin{cases} x_1, & I_t < u_{x,1} \\ x_2, & u_{x,1} \leqslant I_t < u_{x,2} \\ \cdots \\ x_i, & u_{x,i-1} \leqslant I_t < u_{x,i} \\ \cdots \\ x_L, & I_t \geqslant u_{x,L-1} \end{cases} \tag{2.34}$$

$$p(I_t) = h_p(t) = \begin{cases} p_1, & I_t < u_{p,1} \\ p_2, & u_{p,1} \leqslant I_t < u_{p,2} \\ \cdots \\ p_i, & u_{p,i-1} \leqslant I_t < u_{p,i} \\ \cdots \\ p_L, & I_t \geqslant u_{p,L-1} \end{cases} \tag{2.35}$$

式中：$z_{x,i}$、$z_{p,i}$ 为流量分段参数，$z_{x,i}, z_{p,i} \in [0,1]$；$h_x(t)$ 为流量比重系数 $x(I_t)$ 与时间的函数；$h_p(t)$ 为幂指数 $p(I_t)$ 与时间的函数；$x_i(i=1,2,\cdots,L)$ 为不同入流断面流量分段对应的流量比重系数；$p_i(i=1,2,\cdots,L)$ 为不同入流断面流量分段对应的幂指数。因而，DV-3PNMM 的参数有 $k_i(i=1,2,\cdots,L)$、$x_i(i=1,2,\cdots,L)$、$p_i(i=1,2,\cdots,L)$、$z_{k,i}(i=1,2,\cdots,L-1)$、$z_{x,i}(i=1,2,\cdots,L-1)$ 和 $z_{p,i}(i=1,2,\cdots,L-1)$，均需要通过河道实测流量资料估计。

以 $L=2$ 为例，DV-3PNMM 的参数随入流断面流量变化的示意图如图 2.3 所示，入流断面最大流量和最小流量之间的部分被 $u_{k,1}$、$u_{x,1}$、$u_{p,1}$ 分成了四段，不同入流断面流量分段对应的模型参数 $k(I_t)$、$x(I_t)$ 和 $p(I_t)$ 均不完全相同。考虑到 DV-3PNMM 的参数较多，本章只研究 $L=2$ 和 $L=3$ 两种情景下的 DV-3PNMM。

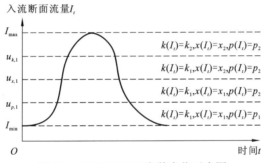

图 2.3　DV-3PNMM 参数变化示意图

2. 模型演算流程

非线性马斯京根模型的槽蓄方程是非线性的，这导致其演算过程更复杂。相关研究成果表明，用 I_{t-1} 和 I_t 的加权和 I_t^θ 代替非线性马斯京根模型常用演算过程中的 I_{t-1} 可以取得较好的效果[36]，如式（2.36）所示。

$$I_t^\theta = \theta I_{t-1} + (1-\theta)I_t \tag{2.36}$$

式中：θ 为 DV-3PNMM 的入流量比重参数，且 $\theta \in [0,1]$。以 DV-3PNMM($L=2$)为例，DV-3PNMM 的演算流程如下。

（1）对 DV-3PNMM 的参数 k_1、k_2、x_1、x_2、p_1、p_2、$z_{k,1}$、$z_{x,1}$、$z_{p,1}$ 和 θ 赋值，并分别利用式（2.30）、式（2.32）和式（2.33）计算 $u_{k,1}$、$u_{x,1}$ 和 $u_{p,1}$，分别利用式（2.31）、式（2.34）和式（2.35）计算每个时刻对应的参数 $k(I_t)$、$x(I_t)$ 和 $p(I_t)$。

（2）将初始时刻入流断面流量 I_0 赋值给初始时刻出流断面演算流量 $O_{c,0}$，并计算河道初始时刻的槽蓄水量 S_0。

$$S_0 = k(I_0)\{x(I_0)I_0 + [1-x(I_0)]O_{c,0}\}^{p(I_0)} \tag{2.37}$$

（3）计算河道的槽蓄水量在 t 时段的变化率 d_t。

$$d_t = \frac{\mathrm{d}S_t}{\mathrm{d}t} = \frac{I_{t+1}^\theta}{1-x(I_{t+1})} - \frac{1}{1-x(I_{t+1})}\left[\frac{S_t}{k(I_{t+1})}\right]^{\frac{1}{p(I_{t+1})}}, \quad t=0,1,2,\cdots,T-1 \tag{2.38}$$

式中：T 为总时段个数。

（4）根据 $t-1$ 时刻河道的槽蓄水量及其变化率，计算 t 时刻河道的槽蓄水量 S_t。

$$S_t = S_{t-1} + d_{t-1}\Delta t, \quad t=1,2,\cdots,T \tag{2.39}$$

式中：Δt 为单位时段长度，s。

（5）根据 t 时刻河道的槽蓄水量及 t 和 $t-1$ 时刻河道入流断面流量的加权和，计算 t 时刻河道出流断面的演算流量 $O_{c,t}$。

$$O_{c,t} = \frac{1}{1-x(I_t)}\left[\frac{S_t}{k(I_t)}\right]^{\frac{1}{p(I_t)}} - \frac{x(I_t)}{1-x(I_t)}I_t^\theta, \quad t=1,2,\cdots,T \tag{2.40}$$

（6）如果 $t \leqslant T$，转到步骤（3），否则，模型演算流程结束。

3. 模型参数优选

与 VEP-4PNMM-L 类似，DV-3PNMM 的参数优选问题也是一个最小化类型的约束优化问题，下面从目标函数和约束条件两个方面来阐述。

1）目标函数

以 SSQ 最小为目标函数对 DV-3PNMM 进行参数优选，即

$$\min f = \mathrm{SSQ} = \sum_{t=0}^{T}(O_{c,t} - O_{o,t})^2 \tag{2.41}$$

2）约束条件

当模型参数不可行时，DV-3PNMM 演算流程式（2.39）和式（2.40）中的 S_t 与 $O_{c,t}$ 可能出现负值，这是不合理的，采用 2.2.1 小节的处理方法，当 $S_t < 0$ 和 $O_{c,t} < 0$ 时，对 S_t 和 $O_{c,t}$ 做如下特殊处理，如式（2.42）和式（2.43）所示，并在参数优选时对此时模型参数组成的解增加一个惩罚约束，以将其标记为不可行解。

$$S_t^r = \varepsilon_1 |S_t| \tag{2.42}$$

$$O_{c,t}^r = \varepsilon_2 |O_{c,t}| \tag{2.43}$$

此外，为了保证 $u_{k,i}$、$u_{x,i}$ 和 $u_{p,i}$ 随分段 i 递增变化，DV-3PNMM 的流量分段参数 $z_{k,i}$、$z_{x,i}$ 和 $z_{p,i}$ 也应随分段 i 递增变化，当入流断面流量分段数 $L>2$ 时，应保证：

$$\begin{cases} z_{k,i} < z_{k,i+1}, & i=1,2,\cdots,L-1 \\ z_{x,i} < z_{x,i+1}, & i=1,2,\cdots,L-1 \\ z_{p,i} < z_{p,i+1}, & i=1,2,\cdots,L-1 \end{cases} \tag{2.44}$$

2.3　参数优化算法

围绕水库群联合防洪调度中非线性河道洪水演算问题，2.2 节提出了 VEP-4PNMM-L 和 DV-3PNMM，但要想真正将其应用于非线性河道洪水演算，还需要研究优化算法，通过实测流量资料优选模型参数，并测试模型的有效性和适用性。模型参数优选是马斯京根模型工程应用中的一个重要难题，参数能否被准确估计，在很大程度上影响着模型的演算精度。变参数非线性马斯京根模型结构复杂，模型参数较多，其参数估计问题呈现出高维化、非线性化、多约束化、非凸性化的特性，这给模型的参数优选带来了较大的困难。通常，数学方法和智能优化算法均有其优点与不足，而混合优化算法融合多种算法的优化特性，扬长避短，可以发挥单一算法的优点，具有显著的优势。因此，研究一种优化能力更强、稳定性更好的混合优化算法，是提高变参数非线性马斯京根模型演算精度的一个重要途径。

本章为解决变参数非线性马斯京根模型的参数优选难题，基于优势互补思想提出一种混合优化算法，并利用不同类型的约束测试函数对其进行数值测试，以测试其优化能力。同时，将混合优化算法应用于 2.2 节提出的变参数非线性马斯京根模型的参数优选问题，通过马斯京根模型研究领域三个常用的实例，验证 VEP-4PNMM-L 和 DV-3PNMM 的优良性能。

2.3.1　变参数非线性马斯京根模型参数优选方法

由 2.2 节可知，VEP-4PNMM-L 和 DV-3PNMM 的参数优选是一个最小化类型的约束优化问题，通常，含有不等式约束和等式约束的最小化类型约束优化问题的一般形式如式（2.45）所示。

$$\begin{cases} \min \quad f(\boldsymbol{x}) \\ g_i(\boldsymbol{x}) \geqslant 0, \quad i=1,2,\cdots,I \\ h_j(\boldsymbol{x})=0, \quad j=1,2,\cdots,J \\ \boldsymbol{x}=[x_1,\cdots,x_i,\cdots,x_K]^{\mathrm{T}} \in \boldsymbol{X} \subset \mathbf{R}^K \end{cases} \tag{2.45}$$

式中：$f(\boldsymbol{x})$ 为目标函数；$g_i(\boldsymbol{x}) \geqslant 0$ 为第 i 个不等式约束；I 为不等式约束的个数；$h_j(\boldsymbol{x})=0$ 为第 j 个等式约束；J 为等式约束的个数；$\boldsymbol{x}$ 为由 K 个决策变量组成的决策向量，即约束优化问题的解；K 为决策变量的个数，即约束优化问题解向量的维数；$\boldsymbol{X}$ 为约束优化问题的决策空间。

智能优化算法是求解此类约束优化问题的有效方法[37]。近年来，随着马斯京根模型的发展，模型结构逐渐复杂化，这不仅体现在模型槽蓄方程的非线性程度增加，而且体现在模型的参数增多、模型参数优选问题的约束条件增多等，这些造成马斯京根模型的参数优选问题呈现高维化、多约束化、非线性化、非凸性化的变化趋势，给模型参数优选带来了挑战。广义简约梯度（generalized reduced gradient，GRG）法和布罗伊登-弗莱彻-戈德法布-生纳（Broyden-Fletcher-Goldfarb-Shanno，BFGS）拟牛顿法等传统数学方法有较好的局部搜索能力，但在算法迭代过程中容易陷入局部最优，需要为其提供初始解，且初始解可能会影响到算法的搜索结果。遗传算法（genetic algorithm，GA）、粒子群优化（particle swarm optimization，PSO）算法、布谷鸟搜索（cuckoo search，CS）算法等智能优化算法有较好的全局搜索能力，但易早熟，算法搜索精度较差。因此，在求解变参数非线性马斯京根模型参数优选问题时，传统数学方法不易给定初始解，且算法易陷入局部最优，而智能优化算法的求解精度又较低。混合优化算法的思路是基于优势互补的思想，针对算法存在的不足，利用其他算法的优势改进这种不足，形成一个新的优化算法，既发挥不同算法的优势，扬长避短，又能保持较强的全局搜索能力和局部搜索能力，且不需要提供初始解。因此，研究一种全局搜索能力和局部搜索能力均较强的混合优化算法，用于马斯京根模型参数优选，具有重要的科学研究价值。

2.3.2 混合优化算法

1. 自适应遗传算法

GA 受生物进化规律的启发，以生物个体组成的物种为单位，模拟物种的遗传、进化过程，以达到搜寻优化问题全局最优解的目的[38]。目前，GA 已在多个领域得到广泛的应用。GA 主要包括选择、交叉和变异等遗传操作。

在常规 GA 中，交叉概率、变异概率等参数对算法收敛性影响较大[39]，而目前这些参数却主要依靠经验来确定，这给 GA 在实际工程中的应用带来了不确定性，为了解决此问题，自适应遗传算法（adaptive genetic algorithm，AGA）对交叉操作和变异操作进行改进，个体的交叉概率和变异概率随算法迭代过程逐渐变化，如式（2.46）和式（2.47）所示，在 AGA 每一次迭代过程中，先根据种群个体当前的适应度计算每个个体的交叉概率和变异概率，使得适应度高于种群平均适应度的个体的交叉概率和变异概率较低，从而保证该个体能得到保护而进入下一代，使得适应度低于种群平均适应度的个体的交叉概率和变异概率较高，从而保证该个体可以被基因重组而产生新的个体[40]。

$$p_c = \begin{cases} p_c^{\max} - \dfrac{(p_c^{\max} - p_c^{\min})(\text{fit} - \text{fit}_{\text{avg}})}{\text{fit}_{\max} - \text{fit}_{\text{avg}}}, & \text{fit} \geqslant \text{fit}_{\text{avg}} \\ p_c^{\max}, & \text{fit} < \text{fit}_{\text{avg}} \end{cases} \tag{2.46}$$

$$p_m = \begin{cases} p_m^{\max} - \dfrac{(p_m^{\max} - p_m^{\min})(\text{fit} - \text{fit}_{\text{avg}})}{\text{fit}_{\max} - \text{fit}_{\text{avg}}}, & \text{fit} \geqslant \text{fit}_{\text{avg}} \\ p_m^{\max}, & \text{fit} < \text{fit}_{\text{avg}} \end{cases} \tag{2.47}$$

式中：fit 为当前个体的适应度；fit_{avg} 为种群所有个体适应度的平均值；$\text{fit}_{\max}$ 为种群所有个体适应度的最大值；$p_c^{\max}$ 和 $p_c^{\min}$ 分别为算法的最大交叉概率和最小交叉概率；$p_m^{\max}$ 和

$p_\mathrm{m}^{\min}$ 分别为算法的最大变异概率和最小变异概率。

此外，由于遗传操作具有随机性，在种群遗传进化过程中最好的个体有可能会被破坏，从而对 GA 的性能产生不利影响，精英保留策略可以解决此问题。精英保留策略使一定数量的较好个体可以直接进入下一代，避免较好个体在遗传进化过程中被破坏。

本章采用的 AGA 在常规 GA 的基础上加入自适应交叉和变异策略、精英保留策略，因此，算法的参数主要有种群规模 N、最大和最小交叉概率、最大和最小变异概率、精英群体规模 elitistnum、算法最大进化代数 maxagaiter 等。AGA 的流程如图 2.4 所示。

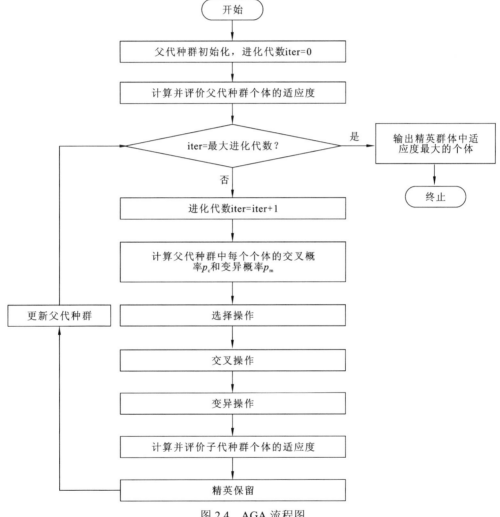

图 2.4　AGA 流程图

GA 是目前工程中最常用的优化算法之一，在水文模型参数优化、水库优化调度、物流线路优化、遥感图像识别及分类等领域得到了广泛应用，但其存在易早熟、收敛性差、搜索精度低等不足，改进后的 AGA 具有较强的全局搜索能力，在一定程度上防止了算法的早熟，解决了 GA 收敛性差的问题，但仍存在搜索精度较低的问题。

2. 下山单纯形法

下山单纯形（Nelder-Mead simplex，NMS）法是一种直接搜索算法，该算法不需要目标函数的梯度信息，直接根据目标函数值确定的算法搜索方向搜索最优解，是一种搜索方向不精确的局部搜索算法，有较强的局部搜索能力，搜索效率及搜索精度较高[41]。在 NMS 法的原理中，$k'+1$ 个顶点相互连接可构成 k' 维搜索空间的一个单纯形，NMS 法利用单纯形的 $k'+1$ 个顶点，通过反射操作、扩张操作、收缩操作和压缩操作等操作找到一个或多个顶点，并根据目标函数值比较新的顶点与这 $k'+1$ 个顶点的优劣关系，用较优的新顶点替代 $k'+1$ 个顶点中较劣的顶点，形成一个新的单纯形，进而通过循环迭代，实现找到最优顶点的目的。NMS 法的反射操作、扩张操作、外收缩操作、内收缩操作和压缩操作等操作的示意图如图 2.5 所示，图中 x_1 为最优顶点，$x_{k'}$ 为次劣顶点，$x_{k'+1}$ 为最劣顶点，x_{mean} 为除最劣顶点外其他顶点的中心点，x_{re} 为反射点，x_{ex} 为扩张点，x_{oc} 为外收缩点，x_{ic} 为内收缩点，y_i 为 x_i 的压缩点，算法的参数包括反射系数 p_{rc}、扩张系数 p_{ec}、收缩系数 p_{cc}、压缩系数 p_{sc} 和最大迭代次数 maxnmsiter。

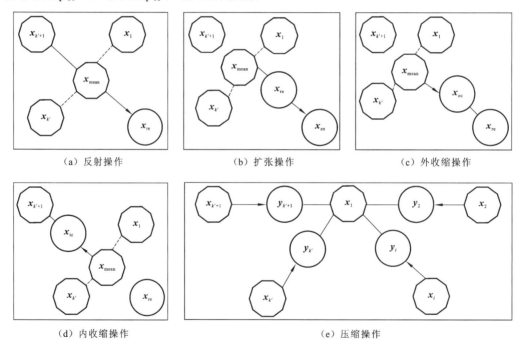

（a）反射操作　　　　　　（b）扩张操作　　　　　　（c）外收缩操作

（d）内收缩操作　　　　　　　（e）压缩操作

图 2.5　NMS 法操作示意图

假设求解一个由 K 个决策变量构成的最小化类型的无约束优化问题，其目标函数为 $f(x)$，则 NMS 法的流程图如图 2.6 所示。

NMS 法是一种基于搜索方向的非线性搜索算法，已经被用于水轮机调速、水文模型参数估计等领域，NMS 法具有较强的局部搜索能力，搜索效率和搜索精度较高，但对初始解的要求较高，在算法求解之前需要给定合适的初始解，且易陷入局部最优，这给 NMS 法的实际工程应用带来了一定的限制。

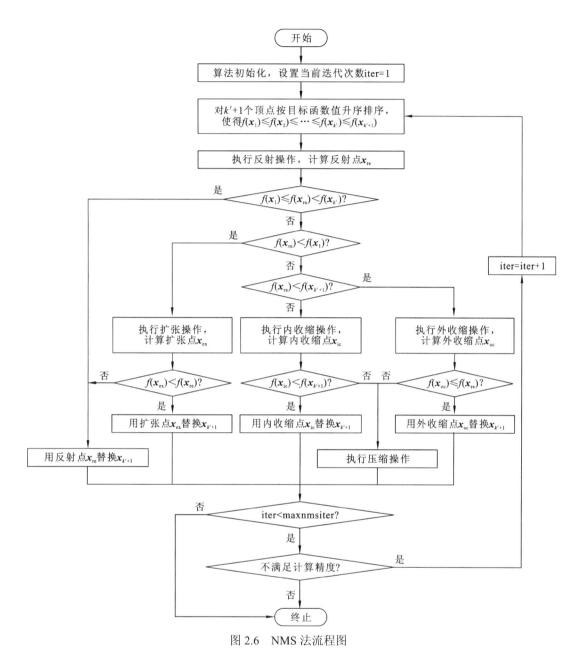

图 2.6　NMS 法流程图

3. 混合优化算法的实现

改进后的 AGA 虽然有较强的全局搜索能力，但仍存在搜索精度较低、较难搜索到最优解的问题，而 NMS 法有较强的局部搜索能力，搜索精度较高，但对初始解的要求较高，给定的初始解不合适时可能导致搜索不到最优解。鉴于 AGA 和 NMS 法的优点及其存在的问题，基于优势互补的思想，借鉴 AGA 较强的全局搜索能力和 NMS 法较强的局部搜索能力，将 AGA 和 NMS 法相结合，提出一种混合优化算法——AGANMS 法。

AGANMS 法的执行有两个阶段：在第一个阶段，利用全局搜索能力较强的 AGA 搜寻一个较优解；在第二个阶段，将第一个阶段 AGA 搜寻的较优解作为 NMS 法的初始解，利用 NMS 法较强的局部搜索能力在较优解周围寻找优化问题的最优解[42]。

非线性马斯京根模型参数优选问题是一个最小化类型的约束优化问题，在优选模型参数时需先对模型参数优选问题的约束条件进行处理，通常采用罚函数法。在采用罚函数法处理约束优化问题时，通常先将等式约束 $h_j(\boldsymbol{x}) = 0\ (j = 1, 2, \cdots, J)$ 转换为不等式约束，如式（2.48）所示。

$$g_{I+j}(\boldsymbol{x}) = \delta - |h_j(\boldsymbol{x})| \geqslant 0, \quad j = 1, 2, \cdots, J \tag{2.48}$$

式中：δ 为一个极小的数（取 0.001）。约束优化问题的罚函数 $p(\boldsymbol{x})$ 可表示为

$$p(\boldsymbol{x}) = \sum_{j=1}^{I+J} y\left[g_j(\boldsymbol{x})\right] \tag{2.49}$$

$$y(x) = \begin{cases} 0, & x \geqslant 0 \\ -x, & x < 0 \end{cases} \tag{2.50}$$

传统罚函数法中的静态惩罚函数法和自适应惩罚函数法等方法采用式（2.51）处理约束优化问题的约束条件。

$$F(\boldsymbol{x}) = f(\boldsymbol{x}) + \alpha p(\boldsymbol{x}) \tag{2.51}$$

式中：$f(\boldsymbol{x})$ 为目标函数；$p(\boldsymbol{x})$ 为罚函数；α 为罚函数权重系数，通常设置为一个很大的正数，用以排除不可行的解。在实际工程应用中，罚函数权重系数设置不当可能会影响到最后的优化结果，而罚函数权重系数需要根据研究人员的经验设置，具有人为主观性的缺点。因此，为克服传统罚函数法罚函数权重系数不易设置、有人为主观性影响的不足，采用一种不需要设置罚函数权重系数的罚函数法。

在 AGANMS 法中，当个体或顶点的罚函数值 $p(\boldsymbol{x}) \neq 0$ 时认为该个体或顶点为不可行解。对于最小化类型约束优化问题的两个解 $\boldsymbol{x}_1^*$ 和 $\boldsymbol{x}_2^*$，可通过比较解的目标函数值 $f(\boldsymbol{x})$ 和罚函数值 $p(\boldsymbol{x})$ 来确定 $\boldsymbol{x}_1^*$ 和 $\boldsymbol{x}_2^*$ 的好坏，具体如下。

（1）当解 $\boldsymbol{x}_1^*$ 和 $\boldsymbol{x}_2^*$ 中一个为可行解，一个为不可行解时，可行解比不可行解好，即当 $p(\boldsymbol{x}_1^*) = 0$，且 $p(\boldsymbol{x}_2^*) \neq 0$ 时，认为解 $\boldsymbol{x}_1^*$ 比解 $\boldsymbol{x}_2^*$ 好。

（2）当解 $\boldsymbol{x}_1^*$ 和 $\boldsymbol{x}_2^*$ 同为不可行解，且罚函数值不同时，罚函数值较小的解比罚函数值较大的解好，即当 $p(\boldsymbol{x}_1^*) \neq 0$，$p(\boldsymbol{x}_2^*) \neq 0$，且 $p(\boldsymbol{x}_1^*) < p(\boldsymbol{x}_2^*)$ 时，认为解 $\boldsymbol{x}_1^*$ 比解 $\boldsymbol{x}_2^*$ 好。

（3）当解 $\boldsymbol{x}_1^*$ 和 $\boldsymbol{x}_2^*$ 同为不可行解，且罚函数值相同时，目标函数值较小的解比目标函数值较大的解好，即当 $p(\boldsymbol{x}_1^*) = p(\boldsymbol{x}_2^*) \neq 0$，且 $f(\boldsymbol{x}_1^*) < f(\boldsymbol{x}_2^*)$ 时，认为解 $\boldsymbol{x}_1^*$ 比解 $\boldsymbol{x}_2^*$ 好。

（4）当解 $\boldsymbol{x}_1^*$ 和 $\boldsymbol{x}_2^*$ 同为可行解时，目标函数值较小的解比目标函数值较大的解好，即当 $p(\boldsymbol{x}_1^*) = p(\boldsymbol{x}_2^*) = 0$，且 $f(\boldsymbol{x}_1^*) < f(\boldsymbol{x}_2^*)$ 时，认为解 $\boldsymbol{x}_1^*$ 比解 $\boldsymbol{x}_2^*$ 好。

4. 混合优化算法的数值测试

国内外学者一般利用测试函数来测试优化算法的优化能力，为了验证 AGANMS 法

的有效性，本节选取了六个不同类型的约束测试函数[43-44]对 AGANMS 法进行全面的数值测试，六个约束测试函数的具体信息如下。

1）约束测试函数 CBF1

约束测试函数 CBF1 是一个两变量最小化类型的约束优化问题，如式（2.52）所示，其目标函数是非线性的，并包含有两个非线性约束。

$$\begin{cases} \min f(\boldsymbol{x}) = (x_1^2 + x_2 - 11)^2 + (x_1 + x_2^2 - 7)^2 \\ g_1(\boldsymbol{x}) = 4.84 - (x_1 - 0.05)^2 - (x_2 - 2.5)^2 \geqslant 0 \\ g_2(\boldsymbol{x}) = x_1^2 + (x_2 - 2.5)^2 - 4.84 \geqslant 0 \\ 0 \leqslant x_i \leqslant 6, \quad i = 1, 2 \end{cases} \tag{2.52}$$

2）约束测试函数 CBF2

约束测试函数 CBF2 是一个两变量最小化类型的约束优化问题，如式（2.53）所示，其目标函数是非线性的，并包含有两个非线性约束，在最优目标函数值处，两个约束条件均是活跃的。

$$\begin{cases} \min f(\boldsymbol{x}) = (x_1 - 10)^3 + (x_2 - 20)^3 \\ g_1(\boldsymbol{x}) = -(x_1 - 5)^2 - (x_2 - 5)^2 + 100 \leqslant 0 \\ g_2(\boldsymbol{x}) = (x_1 - 6)^2 + (x_2 - 5)^2 - 82.81 \leqslant 0 \\ 13 \leqslant x_1 \leqslant 100 \\ 0 \leqslant x_2 \leqslant 100 \end{cases} \tag{2.53}$$

3）约束测试函数 CBF3

约束测试函数 CBF3 是一个五变量最小化类型的约束优化问题，如式（2.54）所示，其目标函数是非线性的，并包含有六个非线性约束，在最优目标函数值处只有约束条件 $g_1(\boldsymbol{x})$ 和 $g_5(\boldsymbol{x})$ 是活跃的。

$$\begin{cases} \min f(\boldsymbol{x}) = 5.357\,854\,7\,x_3^2 + 0.835\,689\,1\,x_1 x_5 + 37.293\,239 x_1 - 40\,792.141 \\ g_1(\boldsymbol{x}) = 85.334\,407 + 0.005\,685\,8 x_2 x_5 + 0.000\,626\,2\,x_1 x_4 - 0.002\,205\,3 x_3 x_5 \geqslant 0 \\ g_2(\boldsymbol{x}) = 92 - (85.334\,407 + 0.005\,685\,8 x_2 x_5 + 0.000\,626\,2 x_1 x_4 - 0.002\,205\,3 x_3 x_5) \geqslant 0 \\ g_3(\boldsymbol{x}) = 80.512\,49 + 0.007\,131\,7 x_2 x_5 + 0.002\,995\,5 x_1 x_2 + 0.002\,181\,3 x_3^2 - 90 \geqslant 0 \\ g_4(\boldsymbol{x}) = 110 - (80.512\,49 + 0.007\,131\,7 x_2 x_5 + 0.002\,995\,5 x_1 x_2 + 0.002\,181\,3 x_3^2) \geqslant 0 \\ g_5(\boldsymbol{x}) = 9.300\,961 + 0.004\,702\,6 x_3 x_5 + 0.001\,254\,7 x_1 x_3 + 0.001\,908\,5 x_3 x_4 - 20 \geqslant 0 \\ g_6(\boldsymbol{x}) = 25 - (9.300\,961 + 0.004\,702\,6 x_3 x_5 + 0.001\,254\,7 x_1 x_3 + 0.001\,908\,5 x_3 x_4) \geqslant 0 \\ 78 \leqslant x_1 \leqslant 102 \\ 33 \leqslant x_2 \leqslant 45 \\ 27 \leqslant x_i \leqslant 45, \quad i = 3, 4, 5 \end{cases} \tag{2.54}$$

4）约束测试函数 CBF4

约束测试函数 CBF4 是一个七变量最小化类型的约束优化问题，如式（2.55）所示，其目标函数是非线性的，并包含有四个非线性约束，在最优目标函数值处只有约束条件 $g_1(\boldsymbol{x})$ 和 $g_4(\boldsymbol{x})$ 是活跃的。

$$
\begin{cases}
\min f(\boldsymbol{x}) = (x_1-10)^2 + 5(x_2-12)^2 + x_3^4 + 3(x_4-11)^2 + 10x_5^6 + 7x_6^2 + x_7^4 - 4x_6x_7 \\
\qquad\qquad -10x_6 - 8x_7 \\
g_1(\boldsymbol{x}) = 127 - 2x_1^2 - 3x_2^4 - x_3 - 4x_4^2 - 5x_5 \geqslant 0 \\
g_2(\boldsymbol{x}) = 282 - 7x_1 - 3x_2 - 10x_3^2 - x_4 + x_5 \geqslant 0 \\
g_3(\boldsymbol{x}) = 196 - 23x_1 - x_2^2 - 6x_6^2 + 8x_7 \geqslant 0 \\
g_4(\boldsymbol{x}) = -4x_1^2 - x_2^2 + 3x_1x_2 - 2x_3^2 - 5x_6 + 11x_7 \geqslant 0 \\
-10.0 \leqslant x_i \leqslant 10.0, \quad i = 1,2,\cdots,7
\end{cases}
\tag{2.55}
$$

5）约束测试函数 CBF5

约束测试函数 CBF5 是一个八变量最小化类型的约束优化问题，如式（2.56）所示，其目标函数是线性的，并包含有三个线性约束和三个非线性约束，在最优目标函数值处，六个约束条件均是活跃的。

$$
\begin{cases}
\min f(\boldsymbol{x}) = x_1 + x_2 + x_3 \\
g_1(\boldsymbol{x}) = 1 - 0.002\,5(x_4 + x_6) \geqslant 0 \\
g_2(\boldsymbol{x}) = 1 - 0.002\,5(x_5 + x_7 - x_4) \geqslant 0 \\
g_3(\boldsymbol{x}) = 1 - 0.01(x_8 - x_5) \geqslant 0 \\
g_4(\boldsymbol{x}) = x_1x_6 - 833.332\,52x_4 - 100x_1 + 83\,333.333 \geqslant 0 \\
g_5(\boldsymbol{x}) = x_2x_7 - 1\,250x_5 - x_2x_4 + 1\,250x_4 \geqslant 0 \\
g_6(\boldsymbol{x}) = x_3x_8 - x_3x_5 + 2\,500x_5 - 1\,250\,000 \geqslant 0 \\
100 \leqslant x_1 \leqslant 10\,000 \\
1\,000 \leqslant x_i \leqslant 10\,000, \quad i = 2,3 \\
10 \leqslant x_i \leqslant 1\,000, \qquad i = 4,5,\cdots,8
\end{cases}
\tag{2.56}
$$

6）约束测试函数 CBF6

约束测试函数 CBF6 是一个十变量最小化类型的约束优化问题，如式（2.57）所示，其目标函数是非线性的，并包含有三个线性约束和五个非线性约束，在最优目标函数值处前六个约束条件[$g_1(\boldsymbol{x}) \sim g_6(\boldsymbol{x})$]均是活跃的。

$$
\begin{cases}
\min f(\boldsymbol{x}) = x_1^2 + x_2^2 + x_1 x_2 - 14x_1 - 16x_2 + (x_3 - 10)^2 + 4(x_4 - 5)^2 + (x_5 - 3)^2 \\
\qquad\qquad + 2(x_6 - 1)^2 + 5x_7^2 + 7(x_8 - 11)^2 + 2(x_9 - 10)^2 + (x_{10} - 7)^2 + 45 \\
g_1(\boldsymbol{x}) = 105 - 4x_1 - 5x_2 + 3x_7 - 9x_8 \geqslant 0 \\
g_2(\boldsymbol{x}) = -3(x_1 - 2)^2 - 4(x_2 - 3)^2 - 2x_3^2 + 7x_4 + 120 \geqslant 0 \\
g_3(\boldsymbol{x}) = -10x_1 + 8x_2 + 17x_7 - 2x_8 \geqslant 0 \\
g_4(\boldsymbol{x}) = -x_1^2 - 2(x_2 - 2)^2 + 2x_1 x_2 - 14x_5 + 6x_6 \geqslant 0 \\
g_5(\boldsymbol{x}) = 8x_1 - 2x_2 - 5x_9 + 2x_{10} + 12 \geqslant 0 \\
g_6(\boldsymbol{x}) = -5x_1^2 - 8x_2 - (x_3 - 6)^2 + 2x_4 + 40 \geqslant 0 \\
g_7(\boldsymbol{x}) = 3x_1 - 6x_2 - 12(x_9 - 8)^2 + 7x_{10} \geqslant 0 \\
g_8(\boldsymbol{x}) = -0.5(x_1 - 8)^2 - 2(x_2 - 4)^2 - 3x_5^2 + x_6 + 30 \geqslant 0 \\
-10.0 \leqslant x_i \leqslant 10.0, \quad i = 1, 2, \cdots, 10
\end{cases}
\tag{2.57}
$$

为了突出 AGANMS 法较强的优化能力,在进行数值测试时比较 AGANMS 法和 AGA 的优化性能。AGA 的参数设置为:种群规模 $N = 10 \times \mathrm{dim}$ (dim 为约束测试函数变量的个数),精英群体规模 elitistnum $= 0.05 \times N$,最大和最小交叉概率分别为 0.90 和 0.60,最大和最小变异概率分别为 0.10 和 0.05,最大进化代数 maxagaiter $= 1\,000$。AGANMS 法中涉及 AGA 的参数与上面相同,其他参数为:反射系数 $p_{\mathrm{rc}} = 1$,扩张系数 $p_{\mathrm{ec}} = 2$,收缩系数 $p_{\mathrm{cc}} = 0.5$,压缩系数 $p_{\mathrm{sc}} = 0.5$,最大迭代次数 maxnmsiter $= 2\,000$。利用 AGA 和 AGANMS 法分别对上述六个约束测试函数独立运行 50 次,统计并比较找到的可行解个数及可行解中目标函数的最好值、平均值和标准差等统计指标,AGA 和 AGANMS 法的优化结果统计指标如表 2.1 所示。

表 2.1　AGA 和 AGANMS 法的优化结果统计指标

约束测试函数	已知的最优目标函数值	优化算法	可行解数	可行解中目标函数的统计指标		
				最好值	平均值	标准差
CBF1	13.590 841 69	AGA	50	13.590 842 07	26.328 808 97	$4.651\,1 \times 10$
		AGANMS 法	50	13.590 841 69	19.527 099 04	$3.599\,7 \times 10$
CBF2	−6 961.813 88	AGA	48	−6 909.448 592 71	−6 116.306 377 08	$1.460\,4 \times 10^3$
		AGANMS 法	50	−6 961.813 826 33	−6 680.026 452 72	$9.998\,7 \times 10^2$
CBF3	−30 665.539	AGA	50	−30 665.452 935 11	−30 589.701 543 16	$1.141\,5 \times 10^2$
		AGANMS 法	50	−30 665.474 299 89	−30 628.318 658 07	$7.500\,7 \times 10$
CBF4	680.630 057 3	AGA	50	680.754 083 39	681.137 896 95	$2.358\,7 \times 10^{-1}$
		AGANMS 法	50	680.644 455 99	680.792 248 31	$1.183\,7 \times 10^{-1}$
CBF5	7 049.330 923	AGA	50	7 334.804 810 43	7 742.303 525 98	$2.527\,2 \times 10^2$
		AGANMS 法	50	7 069.303 550 76	7 396.777 190 79	$2.181\,6 \times 10^2$
CBF6	24.306 209 1	AGA	50	25.214 594 74	26.214 077 91	$2.716\,3 \times 10^{-1}$
		AGANMS 法	50	24.474 882 48	24.966 238 89	$2.675\,9 \times 10^{-1}$

从表 2.1 可以看出：①对于约束测试函数 CBF2，AGANMS 法每次独立运行均能找到可行解，而 AGA 在 50 次独立运行中有 2 次没有找到可行解；②与 AGA 相比，AGANMS 法 50 次独立运行中可行解的最好值均与最优目标函数值较接近，说明 AGANMS 法比 AGA 更能找到最优解，混合 NMS 法后，算法搜索结果的精度更高；③与 AGA 相比，AGANMS 法 50 次独立运行中可行解的平均值均与最优目标函数值较接近，且 AGANMS 法 50 次独立运行中可行解的标准差均较小，说明 AGANMS 法比 AGA 的稳定性好。因此，AGANMS 法的优化能力强于 AGA。

2.4 模型验证及应用

非线性马斯京根模型研究领域有三个常用的实例，被国内外学者用来验证非线性马斯京根模型的性能，已成为非线性马斯京根模型研究领域的基准算例。实例 1 为 Wilson[45] 给出的某河道的实测流量数据，该河道的入流断面流量过程和出流断面流量过程均为单峰平滑曲线；实例 2 为韦斯曼（Viessman）和刘易斯（Lewis）给出的某河道实测流量数据[46]，该河道的入流断面流量过程和出流断面流量过程均为双峰曲线，且第一个峰高于第二个峰；实例 3 为奥唐奈（O'Donnell）给出的英国瓦伊（Wye）河在 1960 年 12 月和 1969 年 1 月发生的两场实际洪水数据[47]（分别称其为洪水 Wye1960 和洪水 Wye1969），研究河段全长 69.75 km，区间没有任何支流，这两场洪水的入流断面流量过程和出流断面流量过程均为单峰非平滑曲线。为了更好地比较 VEP-4PNMM-L 及 DV-3PNMM 与现有马斯京根模型的性能，突出 VEP-4PNMM-L 及 DV-3PNMM 的优势，本节也选取了这三个实例，测试模型的性能。

2.4.1 VEP-4PNMM-L 验证

1. 实例 1

实例 1 中河道流量过程为单峰平滑曲线，单位时段长度 $\Delta t = 6$ h，总时段个数 $T = 21$，该河道槽蓄水量 S_t 与示储流量 $O' = xI_t + (1-x)O_t$ 之间存在显著的非线性关系，因此，常被用于测试非线性马斯京根模型和优化算法的性能。以入流断面流量被参数 $z_i(i=1,2,\cdots,L-1)$ 分为 5 段（$L=5$）为例，利用 AGANMS 法对 VEP-4PNMM-L($L=5$) 进行参数优选，获得的最优参数 k、x、β 和 λ 分别为 0.733 3、0.291 6、−0.005 4 和 0.513 7，u_1、u_2、u_3 和 u_4 分别为 20.874 8 m³/s、32.000 0 m³/s、38.402 8 m³/s 和 71.000 3 m³/s，对应的入流断面分段流量 u_i 及最优参数 $p(I_t)$ 随 I_t 变化的示意图如图 2.7 所示。

为了更好地阐述 4PNMM-L 和 VEP-4PNMM-L 的演算流程，给出 VEP-4PNMM-L ($L=5$) 最优参数下模型的演算过程，如表 2.2 所示，参数优选后得到的实例 1 出流断面演算峰值流量的发生时间与出流断面实测峰值流量的发生时间相同（均为 $t=60$ h 处），出流断面演算峰值流量与实测峰值流量的相对误差仅为−0.10%，表明 VEP-4PNMM-L($L=5$) 能够准确演算出实例 1 河道出流断面的洪峰流量及其发生时间。

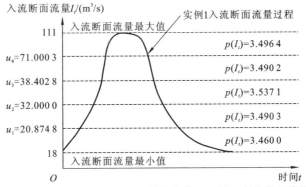

图 2.7　VEP-4PNMM-L(L=5)最优参数 $p(I_t)$ 随 I_t 变化的示意图

表 2.2　VEP-4PNMM-L(L = 5)最优参数下模型的演算过程（实例 1）

t/h	I_t/（m³/s）	$O_{o,t}$/（m³/s）	$p(I_t)$	S_t/m³	d_t/（m³/s）	$O_{c,t}$/（m³/s）	$(O_{c,t}-O_{o,t})^2$/（m³/s）²
0	22	22	3.490 3	—	—	22.000 0	0.000 0
6	23	21	3.490 3	186.578 5	1.280 6	22.000 0	1.000 0
12	35	21	3.537 1	194.262 3	17.809 9	21.029 3	0.000 9
18	71	26	3.490 2	301.121 8	53.895 1	26.339 3	0.115 1
24	103	34	3.496 4	624.492 1	76.891 9	33.325 3	0.455 2
30	111	44	3.496 4	1 085.843 2	68.925 1	43.575 2	0.180 5
36	109	55	3.496 4	1 499.393 8	52.217 7	55.605 9	0.367 1
42	100	66	3.496 4	1 812.700 2	30.253 2	66.217 6	0.047 3
48	86	75	3.496 4	1 994.219 2	5.379 5	74.895 7	0.010 9
54	71	82	3.490 2	2 026.496 2	−17.903 2	82.104 4	0.010 9
60	59	85	3.490 2	1 919.077 3	−31.934 2	84.912 0	0.007 7
66	47	84	3.490 2	1 727.472 3	−43.312 3	83.785 6	0.046 0
72	39	80	3.490 2	1 467.598 3	−45.711 8	79.996 6	0.000 0
78	32	73	3.490 3	1 193.327 4	−45.133 7	72.826 3	0.030 2
84	28	64	3.490 3	922.525 3	−38.644 9	64.096 7	0.009 4
90	24	54	3.490 3	690.655 7	−32.600 4	54.100 3	0.010 1
96	22	44	3.490 3	495.053 1	−23.770 4	44.513 1	0.263 3
102	21	36	3.490 3	352.430 9	−15.317 9	35.678 0	0.103 7
108	20	30	3.460 0	260.523 7	−10.681 7	30.077 6	0.006 0
114	19	25	3.460 0	196.433 4	−6.241 4	24.676 9	0.104 4
120	19	22	3.460 0	158.984 9	−2.457 6	21.355 5	0.415 4
126	18	19	3.460 0	144.239 5	−2.308 7	19.785 6	0.617 2
合计	—	—	—	—	—	—	3.801 3

采用《水文情报预报规范》（GB/T 22482—2008）给定的 3 个指标，来比较不同模型得到的断面演算流量的误差，具体评价指标如下。

（1）河道出流断面演算流量的确定性系数（dy）：

$$dy = 1 - \frac{\sum\limits_{t=0}^{T}(O_{c,t} - O_{o,t})^2}{\sum\limits_{t=0}^{T}(\overline{O_{o,t}} - O_{o,t})^2} \tag{2.58}$$

式中：$O_{c,t}$ 为河道 t 时刻出流断面演算流量，m^3/s；$O_{o,t}$ 为河道 t 时刻出流断面实测流量，m^3/s；T 为总时段个数；$\overline{O_{o,t}}$ 为河道出流断面实测流量的平均值，即

$$\overline{O_{o,t}} = \frac{\sum\limits_{t=0}^{T} O_{o,t}}{T+1} \tag{2.59}$$

确定性系数也叫纳什效率系数，表征河道出流断面演算流量与实测流量在形状和量级上的吻合程度[48]。dy 越接近于 1，表示河道出流断面演算流量与实测流量在形状和量级上的吻合程度越好，模型的演算精度也越高。根据《水文情报预报规范》（GB/T 22482—2008），河道洪水预报项目的精度可按确定性系数的大小分为三个等级：dy > 0.9 为甲级，0.7 ≤ dy ≤ 0.9 为乙级，0.5 ≤ dy < 0.7 为丙级。

（2）河道出流断面演算流量与实测流量绝对误差的平均值（MAE）：

$$MAE = \frac{\sum\limits_{t=0}^{T}|O_{c,t} - O_{o,t}|}{T+1} \tag{2.60}$$

（3）河道出流断面演算流量与实测流量相对误差的平均值（MARE）：

$$MARE = \frac{1}{T+1}\sum\limits_{t=0}^{T}\frac{|O_{c,t} - O_{o,t}|}{O_{o,t}} \tag{2.61}$$

实例 1 已经被国内外的学者用来验证四参数非线性马斯京根模型（four-parameter nonlinear Muskingum model，4PNMM）[49-51]、考虑旁侧入流的三参数非线性马斯京根模型（three-parameter nonlinear Muskingum model considering lateral flow，3PNMM-L）[36] 和考虑旁侧入流的变幂指数三参数非线性马斯京根模型（variable exponential three-parameter nonlinear Muskingum model considering lateral flow，VEP-3PNMM-L）[40] 的性能，根据不同模型得到的出流断面演算流量过程，计算并统计各模型的评价指标，如表 2.3 所示。

表 2.3　VEP-4PNMM-L 及其对比模型性能评价指标（实例 1）

模型名称	L	评价指标			
		SSQ/（m^3/s）^{2}	dy	MAE/（m^3/s）	MARE
4PNMM	1	7.670 0	0.999 4	0.463 6	0.015 1
3PNMM-L	1	9.824 8	0.999 2	0.572 7	0.016 2
VEP-3PNMM-L	5	4.535 3	0.999 6	0.334 2	0.010 4

模型名称	L	评价指标			
		SSQ/（m³/s）²	dy	MAE/（m³/s）	MARE
VEP-4PNMM-L	1	7.578 2	0.999 4	0.473 3	0.015 3
	2	6.206 3	0.999 5	0.419 3	0.013 8
	3	5.296 5	0.999 6	0.386 0	0.011 8
	4	4.708 2	0.999 6	0.364 0	0.011 3
	5	3.801 3	0.999 7	0.311 0	0.010 2

对于实例 1，从表 2.3 中可以明显地看出：

（1）入流断面流量分段数 L 越大，VEP-4PNMM-L 的评价指标越好。随着 L 的增大，SSQ、MAE 和 MARE 等评价指标均逐渐降低，确定性系数 dy 逐渐增大，且 dy 均在 0.999 以上。VEP-4PNMM-L 得到的出流断面演算流量与实测流量的相对误差如图 2.8 所示，明显地，随着入流断面流量分段数 L 的增大，出流断面演算流量与实测流量的相对误差呈现降低的趋势，VEP-4PNMM-L($L=5$)得到的实例 1 出流断面演算流量过程如图 2.9 所示。

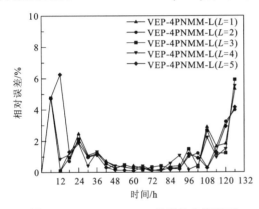

图 2.8 VEP-4PNMM-L 得到的出流断面演算流量与实测流量的相对误差（实例 1）

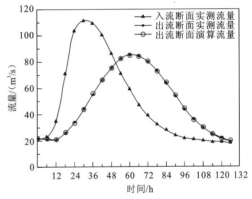

图 2.9 VEP-4PNMM-L($L=5$)得到的出流断面演算流量过程（实例 1）

（2）VEP-4PNMM-L（$L=5$）的各项评价指标均优于其他模型。与 4PNMM 的最好结果相比，入流断面流量分段数 L 从 1 增大到 5，VEP-4PNMM-L 的 SSQ 减小了 1.20%~50.44%；与 3PNMM-L 相比，随着 L 从 1 增大到 5，VEP-4PNMM-L 的 SSQ 减小了 22.87%~61.31%；与 VEP-3PNMM-L 相比，VEP-4PNMM-L($L=5$)的 SSQ 减小了 16.18%。因此，VEP-4PNMM-L 得到的出流断面演算流量与实测流量的吻合程度比 4PNMM、3PNMM-L 和 VEP-3PNMM-L 好。

2. 实例 2

实例 2 中河道流量过程为双峰曲线，单位时段长度 $\Delta t=1$ 天，总时段个数 $T=23$。利用 AGANMS 法对 VEP-4PNMM-L($L=5$)进行参数优选后，得到的演算结果如表 2.4 所示。

出流断面演算峰值流量的发生时间与实测峰值流量的发生时间相同（均为 $t=10$ 天处），出流断面演算峰值流量与实测峰值流量的相对误差仅为-0.52%，表明 VEP-4PNMM-L($L=5$) 能准确演算出实例 2 河道出流断面的洪峰流量及其发生时间。

表 2.4   VEP-4PNMM-L($L=5$)最优参数下模型的演算结果（实例 2）

t/天	I_t/（m³/s）	$O_{o,t}$/（m³/s）	$p(I_t)$	S_t/m³	d_t/（m³/s）	$O_{c,t}$/（m³/s）	$(O_{c,t}-O_{o,t})^2$/（m³/s）²
0	166.2	118.4	2.091 8	—	—	166.200 0	2 284.840 0
1	263.6	197.4	2.091 8	221.968 6	149.141 3	166.200 0	973.440 0
2	365.3	214.1	2.091 8	371.109 9	178.342 6	243.127 8	842.613 2
3	580.5	402.1	2.091 8	549.452 5	360.008 8	330.028 2	5 194.344 4
4	594.7	518.2	2.091 8	909.461 3	135.790 3	474.936 5	1 871.730 4
5	662.6	523.9	2.091 8	1 045.251 6	148.643 7	560.532 0	1 341.903 4
6	920.3	603.1	2.091 8	1 193.895 3	440.857 5	622.625 2	381.233 4
7	1 568.8	829.7	2.082 4	1 634.752 8	1081.438 3	801.096 7	818.148 8
8	1 775.5	1 124.2	2.082 4	2 716.191 1	794.275 3	1 106.302 6	320.316 9
9	1 489.5	1 379.0	2.082 4	3 510.466 4	−88.297 2	1 437.821 9	3 460.015 9
10	1 223.3	1 509.3	2.088 0	3 422.169 2	−425.072 9	1 501.388 4	62.593 4
11	713.6	1 379.0	2.091 8	2 997.096 3	−1029.486 2	1 392.085 9	171.240 8
12	645.6	1 050.6	2.091 8	1 967.610 1	−492.240 4	1 098.784 7	2 321.765 3
13	1 166.7	1 013.7	2.047 8	1 475.369 6	469.125 6	1 012.234 2	2.148 6
14	1 427.2	1 013.7	2.053 7	1 944.495 2	568.210 8	1 012.562 2	1.294 6
15	1 282.8	1 013.7	2.088 0	2 512.706 0	195.919 5	1 029.067 5	236.160 1
16	1 098.7	1 209.1	2.091 8	2 708.625 5	−187.838 0	1 193.351 3	248.021 6
17	764.6	1 248.8	2.091 8	2 520.787 5	−638.968 1	1 192.168 5	3 207.126 8
18	458.7	1 002.4	2.091 8	1 881.819 4	−771.958 6	1 009.543 4	51.028 2
19	351.1	713.6	2.091 8	1 109.860 8	−413.752 1	690.654 7	526.486 8
20	288.8	464.4	2.091 8	696.108 7	−201.987 0	452.568 7	139.979 7
21	228.8	325.6	2.091 8	494.121 7	−137.800 5	330.526 5	24.270 4
22	170.2	265.6	2.091 8	356.321 2	−116.500 0	250.687 4	222.385 6
23	143.0	222.6	2.091 8	239.821 2	−52.655 8	180.664 5	1 758.586 2
合计	—	—	—	—	—	—	26 461.670 0

实例 2 已被用来验证 4PNMM 和变幂指数三参数非线性马斯京根模型（variable exponential three-parameter nonlinear Muskingum model，VEP-3PNMM）[34]。根据不同模型得到的实例 2 最优化出流断面演算流量过程，计算并统计各模型的评价指标，如表 2.5 所示。

表 2.5　VEP-4PNMM-L 及其对比模型性能评价指标（实例 2）

模型名称	L	评价指标			
		SSQ/（m³/s）²	dy	MAE/（m³/s）	MARE
4PNMM	1	73 379	0.983 1	42.943 7	0.088 9
VEP-3PNMM	5	44 894	0.988 9	38.030 6	0.080 7
VEP-4PNMM-L	1	71 789.715 6	0.983 5	42.505 1	0.090 4
	2	57 156.072 1	0.986 8	42.759 3	0.094 1
	3	45 013.557 7	0.989 6	39.328 4	0.087 5
	4	34 318.753 5	0.992 1	33.963 9	0.080 0
	5	26 461.683 5	0.993 9	27.003 0	0.067 4

从表 2.5 中可以看出：

（1）与实例 1 类似，入流断面流量分段数 L 越大，VEP-4PNMM-L 的评价指标 SSQ、MAE 和 MARE 总体呈现逐渐降低的趋势，确定性系数 dy 呈现逐渐增大的趋势，且 dy 均在 0.98 以上，不同入流断面流量分段数 L 下得到的实例 2 出流断面演算流量与实测流量的相对误差如图 2.10 所示，明显地，VEP-4PNMM-L($L=5$)得到的出流断面演算流量与实测流量的相对误差相比 VEP-4PNMM-L($L=1\sim4$)处于较低水平，因此，VEP-4PNMM-L($L=5$)得到的实例 2 河道出流断面演算流量过程与实测流量过程的匹配程度最好，如图 2.11 所示。

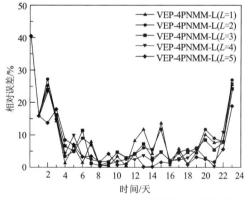

图 2.10　VEP-4PNMM-L 得到的出流断面
演算流量与实测流量的相对误差（实例 2）

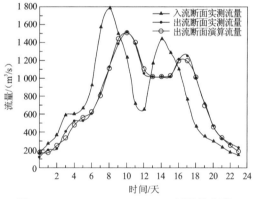

图 2.11　VEP-4PNMM-L($L=5$)得到的出流
断面演算流量过程（实例 2）

（2）与实例 1 相同，VEP-4PNMM-L($L=5$)的各项评价指标均优于其他模型。与 4PNMM 相比，VEP-4PNMM-L 得到的 SSQ 减小了 2.17%～63.94%；与 VEP-3PNMM 相比，VEP-4PNMM-L($L=5$)得到的 SSQ 减小了 41.06%。

3. 实例 3

实例 1 和实例 2 中只测试了 VEP-4PNMM-L 在参数优选阶段的性能，实例 3 包含同一河道不同时间的两场洪水，可用来同时测试 VEP-4PNMM-L 在参数优选阶段和模型验证阶段的性能。实例 3 中两场洪水（洪水 Wye1960 和洪水 Wye1969）的流量过程均为单峰非平滑曲线，单位时段长度均为 $\Delta t = 6\ \text{h}$，洪水 Wye1960 总时段个数 $T = 33$，洪水 Wye1969 总时段个数 $T = 18$。由于洪水 Wye1960 入流断面流量范围比洪水 Wye1969 入流断面流量范围大，因此，先运用洪水 Wye1960 优选模型的参数，然后运用洪水 Wye1969 验证模型。

1）参数优选（洪水 Wye1960）

VEP-4PNMM-L($L = 5$)参数优选后模型演算结果如表 2.6 所示，出流断面演算峰值流量的发生时间与实测峰值流量的发生时间相同（均为 $t = 102\ \text{h}$ 处），演算峰值流量与实测峰值流量的相对误差为 0.33%，表明 VEP-4PNMM-L($L = 5$)能准确演算出实例 3 洪水 Wye1960 的洪峰流量及其发生时间。

表 2.6 VEP-4PNMM-L($L = 5$)最优参数下模型的演算结果（洪水 Wye1960）

t/h	I_t/ (m³/s)	$O_{\text{o},t}$/ (m³/s)	$p(I_t)$	S_t/m³	d_t/ (m³/s)	$O_{\text{c},t}$/ (m³/s)	$(O_{\text{c},t} - O_{\text{o},t})^2$/ (m³/s)²
0	154	102	1.358 4	—	—	154.000 0	2 704.000 0
6	150	140	1.358 4	1 188.089 2	0.014 4	154.000 0	196.000 0
12	219	169	1.358 4	1 188.175 8	106.960 4	155.907 9	171.403 1
18	182	190	1.358 4	1 829.938 2	−17.802 5	189.290 3	0.503 7
24	182	209	1.358 4	1 723.123 4	−7.577 5	196.751 4	150.028 2
30	192	218	1.358 4	1 677.658 5	12.008 0	192.309 5	660.001 8
36	165	210	1.358 4	1 749.706 6	−35.620 9	194.615 0	236.698 2
42	150	194	1.358 4	1 535.981 3	−37.027 5	186.100 8	62.397 4
48	128	172	1.358 4	1 313.816 0	−46.681 1	169.801 9	4.831 6
54	168	149	1.358 4	1 033.729 3	45.735 1	148.252 8	0.558 3
60	260	136	1.388 2	1 308.139 7	186.371 1	135.404 7	0.354 4
66	471	228	1.357 8	2 426.366 2	387.948 5	224.030 6	15.756 1
72	717	303	1.357 8	4 754.057 1	604.103 1	291.086 3	141.936 2
78	1 092	366	1.357 8	8 378.675 4	1 003.136 0	376.054 3	101.088 9
84	1 145	456	1.357 8	14 397.491 4	762.086 1	459.604 1	12.989 5
90	600	615	1.357 8	18 970.007 8	−266.522 3	621.798 1	46.214 2
96	365	830	1.357 8	17 370.874 0	−548.869 4	831.464 9	2.145 9
102	277	969	1.324 3	14 077.657 3	−716.239 8	972.164 0	10.010 9
108	227	665	1.358 4	9 780.218 6	−434.319 9	651.369 1	185.801 4
114	187	519	1.358 4	7 174.299 0	−363.998 3	543.303 5	590.660 1
120	161	444	1.358 4	4 990.309 4	−279.021 5	436.460 6	56.842 6
126	143	321	1.358 4	3 316.180 3	−195.269 5	336.838 0	250.842 2

t/h	$I_t/$ (m³/s)	$O_{o,t}/$ (m³/s)	$p(I_t)$	S_t/m^3	$d_t/$ (m³/s)	$O_{c,t}/$ (m³/s)	$(O_{c,t}-O_{o,t})^2/$ (m³/s)²
132	126	208	1.403 2	2 144.563 6	−79.091 9	202.748 0	27.583 5
138	115	176	1.403 2	1 670.012 2	−59.919 8	174.672 6	1.762 0
144	102	148	1.403 2	1 310.493 3	−49.263 6	149.573 7	2.476 5
150	93	125	1.403 2	1 014.911 9	−35.268 8	127.930 5	8.587 8
156	88	114	1.403 2	803.299 1	−20.911 7	110.112 2	15.115 0
162	82	106	1.403 2	677.829 1	−15.717 1	98.195 8	60.905 5
168	76	97	1.403 2	583.526 7	−13.283 0	89.513 3	56.050 7
174	73	89	1.403 2	503.828 9	−7.492 1	81.974 7	49.354 8
180	70	81	1.403 2	458.876 4	−5.874 8	77.233 1	14.189 5
186	67	76	1.403 2	423.627 8	−5.398 4	73.637 1	5.583 3
192	63	71	1.403 2	391.237 1	−6.670 3	70.288 2	0.506 7
198	59	66	1.403 2	351.215 1	−6.588 8	66.049 9	0.002 5
合计	—	—	—	—	—	—	5 843.183 0

根据不同模型参数优化后得出的洪水 Wye1960 最优化出流断面演算流量过程,统计各模型的评价指标,如表 2.7 所示。

表 2.7 VEP-4PNMM-L 及其对比模型性能评价指标（洪水 Wye1960）

模型名称	L	评价指标			
		SSQ/ (m³/s)²	dy	MAE/ (m³/s)	MARE
4PNMM	1	31 099.52	0.981 2	—	0.09
3PNMM-L	1	25 915.27	0.984 3	17.087 1	0.063 7
VEP-4PNMM-L	1	23 331.433 7	0.985 9	17.041 3	0.073 7
	2	20 014.853 1	0.987 9	16.562 0	0.071 9
	3	8 362.023 2	0.994 9	11.823 0	0.072 8
	4	6 552.597 5	0.996 0	9.378 6	0.054 1
	5	5 843.180 4	0.996 5	8.559 6	0.049 0

从表 2.7 中可以看出:

（1）与实例 1 和实例 2 类似,随着入流断面流量分段数 L 的增大,VEP-4PNMM-L 得到的 SSQ、MAE 和 MARE 等评价指标总体上呈降低的趋势,而确定性系数 dy 逐渐增大,且 dy 均在 0.98 以上。不同入流断面流量分段数 L 下得到的洪水 Wye1960 出流断面演算流量与实测流量的相对误差如图 2.12 所示,VEP-4PNMM-L(L=5)得到的出流断面演算流量与实测流量的相对误差处于较低水平,得到的河道出流断面演算流量过程与实测流量过程最吻合,如图 2.13 所示。

（2）与实例 1 和实例 2 相同，VEP-4PNMM-L($L=5$)的各项评价指标均优于其他模型。与 4PNMM 相比，VEP-4PNMM-L 得到的 SSQ 减小了 24.98%~81.21%；与 3PNMM-L 相比，VEP-4PNMM-L 得到的 SSQ 减小了 9.97%~77.45%。

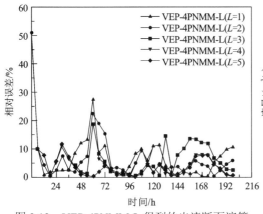

图 2.12 VEP-4PNMM-L 得到的出流断面演算流量与实测流量的相对误差（洪水 Wye1960）

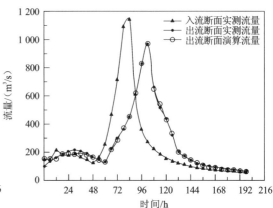

图 2.13 VEP-4PNMM-L($L=5$)得到的出流断面演算流量过程（洪水 Wye1960）

2）模型验证（洪水 Wye1969）

利用参数优选后的 VEP-4PNMM-L 演算洪水 Wye1969 下的出流断面流量过程，得到出流断面演算流量过程评价指标。实例 3 中的洪水 Wye1960 和洪水 Wye1969 已经被用于验证考虑旁侧入流的线性马斯京根模型（linear Muskingum model considering lateral flow，LMM-L）和 VEP-3PNMM-L 在模型验证阶段的准确性，不同模型演算的评价指标如表 2.8 所示。

表 2.8 VEP-4PNMM-L 及其对比模型性能评价指标（洪水 Wye1969）

模型名称	L	评价指标			
		SSQ/ (m³/s)²	dy	MAE/ (m³/s)	MARE
LMM-L	1	26 113	—	—	—
VEP-3PNMM-L	4	12 006	—	—	—
VEP-4PNMM-L	1	14 554.120 0	0.889 6	22.663 1	0.195 0
	2	12 024.069 1	0.908 8	20.060 5	0.170 6
	3	9 480.457 1	0.928 1	17.527 1	0.176 5
	4	9 186.657 7	0.930 3	16.816 1	0.164 9
	5	8 994.191 5	0.931 8	16.517 5	0.160 7

从表 2.8 可以看出：

（1）在模型验证阶段，入流断面流量分段数 L 越大，VEP-4PNMM-L 的评价指标总体上越好，即随着 L 的增大，SSQ、MAE 和 MARE 等评价指标总体上呈现逐渐降低的趋势，确定性系数 dy 呈现逐渐增大的趋势，且 dy 从 0.889 6 提高到 0.931 8。当入流断

面流量分段数 L 达到 4 及以上后，VEP-4PNMM-L 得到的 SSQ 虽然仍有减小，但减小幅度较小。因此，入流断面流量分段数越多，模型得到的出流断面演算流量过程与实测流量过程的吻合程度越好，但模型的参数也越多，这给 VEP-4PNMM-L 的参数优选造成了一定的困难，建议在实际工程应用中综合考虑河道实际情况选择入流断面流量分段数 L，针对实例 3 河道，建议入流断面流量分段数 L 为 3。VEP-4PNMM-L(L=3)得到的洪水 Wye1969 下出流断面的演算流量过程如图 2.14 所示。

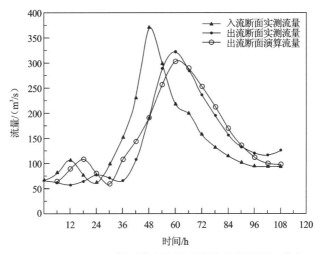

图 2.14　VEP-4PNMM-L(L=3)得到的出流断面演算流量过程（洪水 Wye1969）

（2）与 LMM-L 相比，VEP-4PNMM-L 在模型验证阶段演算的洪水 Wye1969 下的出流断面流量过程较好，得到的 SSQ 减小了 44.26%～65.56%；与 VEP-3PNMM-L 相比，VEP-4PNMM-L(L=3)得到的 SSQ 减小了 21.04%。

2.4.2　DV-3PNMM 验证

1. 实例 1

根据 Wilson[45]给出的河道断面的实测流量数据，利用 AGANMS 法对 DV-3PNMM 的参数进行优选，以 DV-3PNMM(L=3)为例，获得的最优化参数 $k(I_t)$、$x(I_t)$ 和 $p(I_t)$ 随 I_t 变化的示意图如图 2.15 所示，入流断面最小流量和最大流量之间的部分被 $u_{k,1}$、$u_{k,2}$、$u_{x,1}$、$u_{x,2}$、$u_{p,1}$ 和 $u_{p,2}$ 分为七个部分，且每一部分对应的 DV-3PNMM 的最优化参数均不完全相同。

为了更好地说明 DV-3PNMM 的演算过程，以 DV-3PNMM(L=3)为例，给出 AGANMS 法优选后模型的演算结果，如表 2.9 所示，DV-3PNMM(L=3)能较准确地演算实例 1 河道出流断面洪峰流量及其发生时间（均为 t=60 h 处），出流断面演算峰值流量与实测峰值流量的相对误差仅为-0.04%。

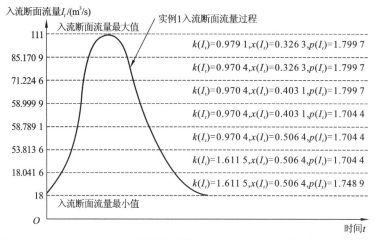

图 2.15 DV-3PNMM($L=3$)最优化参数 $k(I_t)$、$x(I_t)$和 $p(I_t)$随 I_t 变化的示意图

表 2.9 DV-3PNMM($L = 3$)最优化参数下的演算结果

t/h	I_t/ (m³/s)	$O_{o,t}$/(m³/s)	$k(I_t)$	$x(I_t)$	$p(I_t)$	S_t/m³	d_t/ (m³/s)	$O_{c,t}$/ (m³/s)	$(O_{c,t}-O_{o,t})^2$ / (m³/s)²
0	22	22	1.611 5	0.506 4	1.704 4	312.812 1	1.775 0	22.000 0	0.000 0
6	23	21	1.611 5	0.506 4	1.704 4	323.461 9	22.441 3	21.985 3	0.970 8
12	35	21	1.611 5	0.506 4	1.704 4	458.110 0	60.203 7	21.369 0	0.136 2
18	71	26	0.970 4	0.403 1	1.799 7	819.332 3	84.561 1	25.894 0	0.011 2
24	103	34	0.979 1	0.326 3	1.799 7	1 326.698 7	81.669 2	33.655 4	0.118 7
30	111	44	0.979 1	0.326 3	1.799 7	1 816.713 8	64.959 2	43.919 5	0.006 5
36	109	55	0.979 1	0.326 3	1.799 7	2 206.469 0	41.799 1	55.375 3	0.140 9
42	100	66	0.979 1	0.326 3	1.799 7	2 457.263 8	15.260 0	65.991 5	0.000 1
48	86	75	0.979 1	0.326 3	1.799 7	2 548.823 7	−1.021 3	74.834 8	0.027 3
54	71	82	0.970 4	0.403 1	1.799 7	2 482.695 9	−9.818 9	81.948 9	0.002 6
60	59	85	0.970 4	0.403 1	1.799 7	2 303.782 3	−5.586 8	84.965 8	0.001 2
66	47	84	1.611 5	0.506 4	1.704 4	2 030.261 6	−2.518 7	83.794 6	0.042 2
72	39	80	1.611 5	0.506 4	1.704 4	1 715.149 3	54.369 2	79.928 2	0.005 2
78	32	73	1.611 5	0.506 4	1.704 4	1 388.934 2	49.143 9	73.154 8	0.024 0
84	28	64	1.611 5	0.506 4	1.704 4	1 094.071 0	−3.284 8	63.676 9	0.104 4
90	24	54	1.611 5	0.506 4	1.704 4	834.361 9	−4.180 9	54.122 8	0.015 1
96	22	44	1.611 5	0.506 4	1.704 4	629.276 6	−4.368 9	44.339 9	0.115 5
102	21	36	1.611 5	0.506 4	1.704 4	483.063 1	−6.743 3	35.841 3	0.025 2
108	20	30	1.611 5	0.506 4	1.704 4	382.603 4	−1.416 6	29.514 6	0.235 6
114	19	25	1.611 5	0.506 4	1.704 4	314.103 9	−6.185 4	25.058 3	0.003 4
120	19	22	1.611 5	0.506 4	1.704 4	276.991 6	−1.718 4	22.008 2	0.000 1
126	18	19	1.611 5	0.506 4	1.748 9	266.681 3	0.000 0	19.017 6	0.000 3
合计	—	—	—	—	—	—	—	—	1.986 5

　　为了测试 DV-3PNMM 的性能，本节收集和归纳了文献中结构类似的 3PNMM[52-54]、VEP-3PNMM[34]、3PNMM-L[36]、VEP-3PNMM-L[40]得到的实例 1 出流断面演算流量过程，并根据 DV-3PNMM 得到的实例 1 出流断面演算流量过程与现有马斯京根模型得到的出流断面演算流量过程，统计各模型的评价指标，如表 2.10 所示。DV-3PNMM(L=3)的评价指标均比 DV-3PNMM(L=2)好。DV-3PNMM(L=3)的 SSQ、MAE 和 MARE 等评价指标均比 DV-3PNMM(L=2)的小，且 DV-3PNMM(L=3)的 dy 比 DV-3PNMM(L=2)的大，即入流断面流量分段数越大，DV-3PNMM 越能获得更准确的出流断面流量过程。

表 2.10　DV-3PNMM 及其对比模型性能评价指标（实例 1）

模型名称	L	评价指标			
		SSQ/（m³/s）²	dy	MAE/（m³/s）	MARE
3PNMM	1	36.242 0	0.997 0	0.994 1	0.025 0
VEP-3PNMM	5	24.881 0	0.998 0	0.941 8	0.024 8
3PNMM-L	1	9.824 8	0.999 2	0.572 7	0.016 2
VEP-3PNMM-L	5	3.801 3	0.999 7	0.311 0	0.010 2
DV-3PNMM	2	6.494 9	0.999 5	0.373 1	0.010 6
	3	1.986 4	0.999 8	0.203 0	0.006 2

注：3PNMM 的评价指标均为现有文献中该模型的最好值，下同。

　　与 3PNMM、3PNMM-L、VEP-3PNMM 和 VEP-3PNMM-L 相比，DV-3PNMM(L=3)获得的评价指标均较好，其中，DV-3PNMM(L=3)获得的 SSQ 减小了 47.74%～94.52%。因此，DV-3PNMM(L=3)下实例 1 出流断面演算流量过程与实测流量过程的匹配度较好，DV-3PNMM(L=3)得到的实例 1 出流断面演算流量过程如图 2.16 所示。

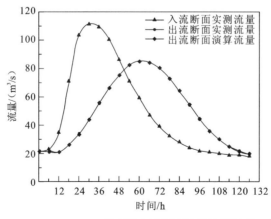

图 2.16　DV-3PNMM(L=3)得到的出流断面演算流量过程（实例 1）

2. 实例 2

实例 2 已被用来测试 3PNMM 和 VEP-3PNMM 的性能，根据不同模型得到的实例 2 出流断面演算流量过程，统计各模型的评价指标，如表 2.11 所示。

表 2.11　DV-3PNMM 及其对比模型性能评价指标（实例 2）

模型名称	L	评价指标			
		SSQ/（m³/s）²	dy	MAE/（m³/s）	MARE
3PNMM	1	72 877	—	—	—
VEP-3PNMM	5	44 894	—	—	—
DV-3PNMM	2	33 425.723 0	0.992 3	31.011 4	0.068 5
	3	11 892.737 5	0.997 3	15.550 6	0.042 6

从表 2.11 中可以看出，DV-3PNMM(L=3)的评价指标均好于 DV-3PNMM(L=2)，入流断面流量分段数越大，DV-3PNMM 的演算精度越好。DV-3PNMM(L=3)获得的评价指标均比 3PNMM 和 VEP-3PNMM 的评价指标好，获得的 SSQ 减小了 73.51%～83.68%。因此，对于实例 2，DV-3PNMM(L=3)得到的出流断面演算流量过程与实测流量过程更匹配，DV-3PNMM(L=3)得到的实例 2 出流断面演算流量过程如图 2.17 所示。

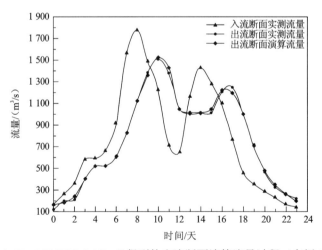

图 2.17　DV-3PNMM(L=3)得到的出流断面演算流量过程（实例 2）

3. 实例 3

实例 3 包含洪水 Wye1960 和洪水 Wye1969 两场洪水。本节先利用洪水 Wye1960 优选 DV-3PNMM 的参数，然后利用参数优选后的 DV-3PNMM 演算洪水 Wye1969 下出流断面的流量过程。

利用洪水 Wye1960 优选 DV-3PNMM 的参数，并统计 DV-3PNMM 与 3PNMM、VEP-3PNMM、3PNMM-L 得到的出流断面演算流量过程的评价指标，如表 2.12 所示。

表 2.12　DV-3PNMM 及其对比模型性能评价指标（洪水 Wye1960）

模型名称	L	评价指标			
		SSQ/$(m^3/s)^2$	dy	MAE/(m^3/s)	MARE
3PNMM	1	35 194.62	0.978 7	22.673 8	0.095 3
VEP-3PNMM	3	35 064	—	—	—
3PNMM-L	1	25 915.27	0.984 3	17.087 1	0.063 7
DV-3PNMM	2	10 415.008 6	0.993 7	14.050 6	0.086 3
	3	7 491.731 8	0.995 5	9.624 2	0.053 3

从表 2.12 中可以看出，DV-3PNMM($L=3$)获得的评价指标均比 DV-3PNMM($L=2$)好，与 3PNMM、VEP-3PNMM 和 3PNMM-L 相比，DV-3PNMM($L=3$)获得的评价指标均较好，且获得的 SSQ 减小了 71.09%～78.71%。因此，对于实例 3 的洪水 Wye1960，DV-3PNMM($L=3$)得到的出流断面演算流量过程与实测流量过程更匹配，DV-3PNMM($L=3$)得到的洪水 Wye1960 下的出流断面演算流量过程如图 2.18 所示。

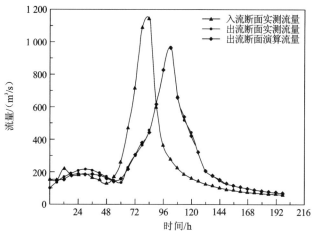

图 2.18　DV-3PNMM($L=3$)得到的出流断面演算流量过程（洪水 Wye1960）

洪水 Wye1969 已经被用来测试 LMM-L 和 VEP-3PNMM-L 在流量演算阶段的性能[40]。利用参数优选后的 DV-3PNMM 演算洪水 Wye1969 下的出流断面流量过程，并统计不同模型得到的出流断面演算流量过程的评价指标，如表 2.13 所示。

表 2.13　DV-3PNMM 及其对比模型性能评价指标（洪水 Wye1969）

模型名称	L	评价指标			
		SSQ/（m³/s）²	dy	MAE/（m³/s）	MARE
LMM-L	1	26 113	—	—	—
VEP-3PNMM-L	4	12 006	—	—	—
DV-3PNMM	2	10 506.823 1	0.920 3	18.095 1	0.162 4
	3	4 675.172 9	0.964 5	12.405 1	0.119 4

从表 2.13 中可以看出，利用洪水 Wye1960 进行参数优选后，DV-3PNMM(L=3)计算的洪水 Wye1969 下出流断面流量的评价指标均好于 DV-3PNMM(L=2)的评价指标，且 DV-3PNMM(L=3)得到的 SSQ 均好于 LMM-L 和 VEP-3PNMM-L 的评价指标，减小了 61.06%～82.10%。因此，通过洪水 Wye1960 进行参数优选后，DV-3PNMM(L=3)能够演算出与出流断面实测流量过程较匹配的出流断面流量过程，DV-3PNMM(L=3)在参数优选阶段和模型验证阶段均有较好的性能。DV-3PNMM(L=3)得到的洪水 Wye1969 下的出流断面演算流量过程如图 2.19 所示。

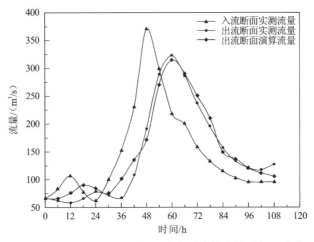

图 2.19　DV-3PNMM(L=3)得到的出流断面演算流量过程（洪水 Wye1969）

水库群联合防洪调度方法

近几十年来，随着流域梯级水库群的建成，水库数量不断增加，水库间的水力联系更加复杂，使得单库防洪调度难以满足流域复杂的防洪需求。在保障水库群自身防洪安全的前提下，水库群联合防洪优化调度以保证水库群下游区域防洪安全为目标，对流域水库群进行统一调度，实现流域防洪效益的最大化。

经过几十年的发展，水库防洪调度领域形成了最大削峰、成灾历时最短、超标洪量最小、洪灾损失最小等优化准则。基于这些优化准则构建的水库群联合防洪调度模型重点考虑水库群下游的防洪安全，很少研究科学合理的水库群防洪库容优化分配策略。在流域防洪调度中，水库除了要承担所在河流的防洪任务外，还要预留部分防洪库容配合其他水库承担流域的防洪任务。因此，探讨水库群防洪库容优化分配策略，构建水库群防洪库容优化分配模型，以实现各水库防洪库容的高效利用，最大限度地降低水库群防洪系统的防洪风险。

3.1　研究区域概况

研究区域为长江川渝河段的溪洛渡水库、向家坝水库、紫坪铺水库、瀑布沟水库、亭子口水库五座水库，根据宜宾、泸州和重庆的防洪需求，运用第 2 章的 DV-3PNMM 计算水库群下游共同防洪控制站的超标洪量，在保障水库群下游区域防洪安全的前提下，研究水库群防洪库容的优化分配策略，提高流域水库群的整体防洪能力。

长江川渝河段位于长江上游，横跨四川、云南、贵州和重庆，该区域长江两岸支流众多，沿江左岸主要有岷江、沱江和嘉陵江等支流，沿江右岸主要有横江、赤水河和乌江等支流，长江川渝河段水系图如图 3.1 所示。

长江川渝河段位于我国大陆地势三级阶梯的第二级阶梯，地形多为山地或盆地，海拔在 500～2 000 m，河道比降较大。该区域为山地高原区，主要受西南季风的影响，属于典型的亚热带季风气候，年平均气温在 16～18 ℃，降水时空分布不均匀，主要集中于每年的 7～9 月，金沙江下游地区年降水量为 900～1 800 mm，岷江地区年降水量为 370～1 950 mm，沱江地区年降水量为 900～1 400 mm，嘉陵江流域年降水量为 900～1 500 mm。

长江川渝河段的洪水主要由暴雨形成，岷江、沱江和嘉陵江等支流位于长江流域五个特大暴雨区中的川西暴雨区和大巴山暴雨区，在汛期该区域的暴雨较多，易造成金沙

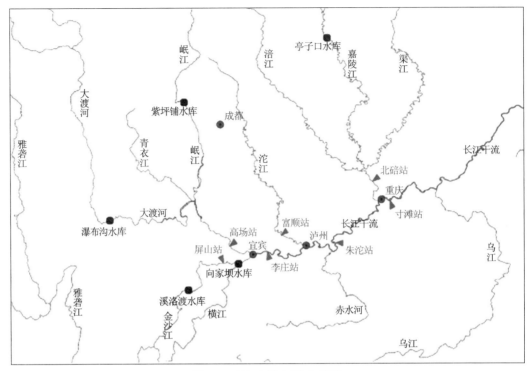

图 3.1　长江川渝河段水系图

江洪水、岷江洪水、沱江洪水和嘉陵江洪水遭遇的情况，洪水地区组成复杂，且岷江洪水、沱江洪水和嘉陵江洪水多为山峰型洪水，易在下游寸滩站形成峰高量大的洪水，对重庆的防洪安全产生了重大威胁。

《长江经济带发展规划纲要》提出的长江经济带"一轴、两翼、三极、多点"的发展新格局，确立了重庆的核心地位和成渝城市群的战略支撑作用，成渝城市群位于长江川渝河段，是该区域主要的防洪保护对象。因此，为了满足长江经济带发展新格局和长江防洪体系建设新格局对川渝河段防洪安全提出的要求，依据长江川渝河段的防洪需求，研究长江川渝河段水库群联合防洪调度方式，在保障川渝河段宜宾、泸州和重庆防洪安全的基础上，研究水库群防洪库容的优化分配策略，探讨水库群防洪库容科学合理的高效使用方法，对长江经济带的可持续发展具有重要的意义。

3.1.1　水库群防洪系统

仅依靠长江川渝河段干流上溪洛渡水库和向家坝水库的联合防洪调度，难以保证长江川渝河段宜宾、泸州和重庆等城市的防洪安全，综合考虑研究区域已建各水库的功能及其防洪任务，本章考虑纳入岷江上的紫坪铺水库及其支流大渡河上的瀑布沟水库、嘉陵江上的亭子口水库等，综合考虑五座水库的联合防洪调度，在满足宜宾、泸州和重庆等城市防洪需求的基础上，研究水库群防洪库容优化分配方案，促进水库群防洪库容的高效利用。溪洛渡水库和向家坝水库是位于金沙江下游的串联水库群，紫坪铺水库、瀑布沟水库和亭子口水库是分别位于岷江、大渡河和嘉陵江上的并联水库群，根据五座水库的地理分布及水力联系情况，对研究区域的水利工程进行概化，长江川渝河段水库群防洪系统结构图如图 3.2 所示。

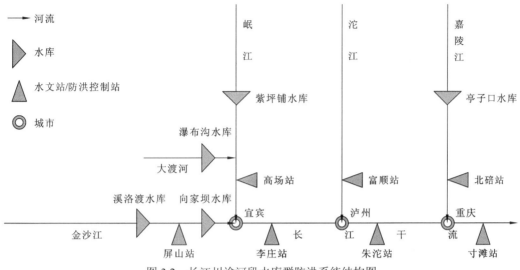

图 3.2　长江川渝河段水库群防洪系统结构图

长江川渝河段沿岸大城市主要有宜宾、泸州和重庆等。宜宾位于金沙江与岷江交汇处，金沙江与岷江在此汇合成长江，根据宜宾相关防洪规划报告及现状堤防建设情况，宜宾市区现状防洪能力为 10～20 年一遇，将宜宾下游李庄站安全下泄流量 51 000 m³/s 作为宜宾防洪的控制条件。泸州位于长江干流与沱江交汇处，长江干流自西南向东北横贯市区，根据泸州现状堤防建设情况，泸州市区现状防洪能力为 10～20 年一遇，将泸州下游朱沱站安全下泄流量 52 600 m³/s 作为泸州防洪的控制条件。重庆位于长江干流与嘉陵江交汇处，长江干流自西向东流经全境，根据相关防洪规划报告，重庆市区现状防洪能力为 10～50 年一遇，目前，将重庆下游寸滩站保证水位 183.50 m 对应的流量 57 800 m³/s 作为重庆防洪的控制条件[55]。根据各城市相关防洪规划报告及现状堤防建设情况，本章以李庄站洪峰流量 51 000 m³/s、朱沱站洪峰流量 52 600 m³/s 和寸滩站洪峰流量 57 800 m³/s 作为宜宾、泸州和重庆的安全下泄流量。综合考虑溪洛渡水库、向家坝水库、紫坪铺水库、瀑布沟水库和亭子口水库等的防洪任务，对这五座水库构成的水库群进行联合防洪调度，保障宜宾、泸州和重庆的防洪安全。

3.1.2　设计洪水

长江川渝河段支流较多，考虑到金沙江洪水、岷江洪水、沱江洪水和嘉陵江洪水遭遇的情况，长江川渝河段洪水的地区组成复杂。按照上游干流（向家坝水库以上干流）、支流（紫坪铺水库、瀑布沟水库和亭子口水库以上支流）和区间（水库群下游区域及区间）的洪量占比对寸滩站典型年份洪水分类，洪量占比及分类结果如表 3.1 所示，选取区间型洪水（1961 年）、流域型洪水（1981 年、1989 年）和干流型洪水（1991 年、1998 年）三种类型共五场洪水为典型洪水，推求 50 年一遇设计洪水，寸滩站各类型典型年50 年一遇设计洪水如图 3.3～图 3.5 所示，五场不同类型设计洪水下寸滩站的洪峰流量均超过了其安全下泄流量（57 800 m³/s）。

表 3.1   寸滩站洪水分类

典型年份	洪量占比/%			洪水类型
	上游干流	支流	区间	
1961	17.25	37.11	45.64	区间型
1981	30.93	28.39	40.68	流域型
1989	33.78	28.91	37.31	流域型
1991	45.77	21.95	32.28	干流型
1998	45.02	21.31	33.67	干流型

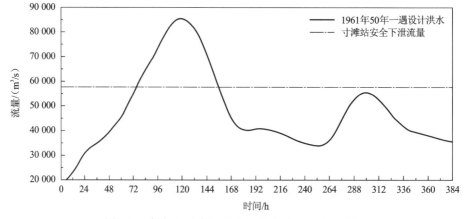

图 3.3   寸滩站 50 年一遇设计洪水过程（区间型）

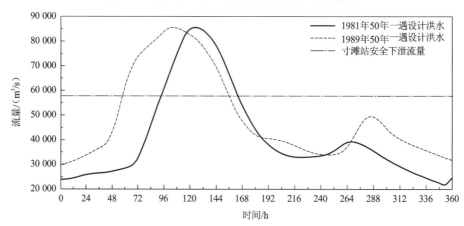

图 3.4   寸滩站 50 年一遇设计洪水过程（流域型）

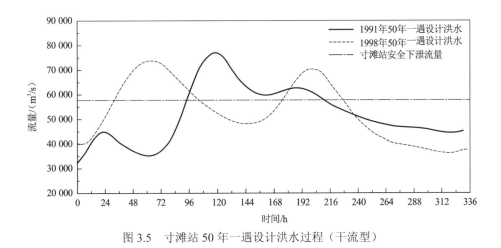

图 3.5　寸滩站 50 年一遇设计洪水过程（干流型）

3.2　变权重预留防洪库容最大优化分配方法

3.2.1　变权重预留防洪库容最大策略

在水库群联合防洪调度中，预留防洪库容最大策略以水库群累计预留防洪库容来协调水库群防洪库容，实现各水库防洪库容的合理使用，如式（3.1）所示。

$$V_{\mathrm{R}} = \sum_{i=1}^{m} \sum_{t=1}^{T} \alpha_i \cdot (V_i^{\mathrm{up}} - V_i^t) \tag{3.1}$$

式中：V_{R} 为水库群累计预留防洪库容，亿 m^3；V_i^{up} 为 i 水库防洪高水位对应的库容，亿 m^3；V_i^t 为 i 水库 t 时刻的库容，亿 m^3；α_i 为 i 水库预留防洪库容的权重；m 为水库个数；T 为调度期总调度时段个数。

研究中发现，在预留防洪库容最大策略下，水库 i 预留防洪库容的权重 α_i 越大，水库 i 会预留越多的防洪库容，用于调蓄下一场入库洪水。通过研究水库预留防洪库容的权重，探讨水库群防洪库容的优化分配策略，实现各水库防洪库容的合理预留和高效使用。然而，在实际工程应用中水库预留防洪库容的权重很难设置，现有预留防洪库容最大策略中水库预留防洪库容的权重通常需要工作人员根据经验设置，因人而异，受主观因素影响较大，制约了预留防洪库容最大策略在实际工程中的应用。

在水库群联合防洪调度中，水库入库流量与其设计防洪库容（水库汛限控制水位与防洪高水位之间的库容）的比值越大，其防洪风险越高，此时应为其赋较大的预留防洪库容权重，以预留该水库的防洪库容，降低其防洪风险。一般地，水库出库流量到共同防洪控制站的汇流滞时越短，其防洪库容对共同防洪控制站的防洪效果越好，应尽可能预留该水库的防洪库容。为了解决预留防洪库容的权重设置因人而异等问题，考虑到水库预留防洪库容的权重对水库防洪库容利用的影响规律，本节设计了一种变化的预留防洪库容权重的计算方法，该方法以水库的入库流量与设计防洪库容的比值衡量水库的防洪风险，并综合考虑水库到下游共同防洪控制站的汇流滞时，利用水库的入库流量、设计防洪库容及其到共同防洪控制站的汇流滞时等信息计算水库预留防洪库容的权重，水库预留防洪库容的权重随调度时段变化，并联水库预留防洪库容的权重计算如式（3.2）所示。

$$\alpha_i^t = \frac{Q_i^t}{V_i^{\text{des}} \cdot \tau_i} = \frac{Q_i^t}{(V_i^{\text{up}} - V_i^{\text{low}}) \cdot \tau_i} \tag{3.2}$$

式中：α_i^t 为 i 水库 t 时刻的预留防洪库容权重；Q_i^t 为 i 水库 t 时刻的入库流量，m^3/s；V_i^{des} 为 i 水库的设计防洪库容，亿 m^3；V_i^{low} 为 i 水库汛限控制水位对应的库容，亿 m^3；τ_i 为 i 水库到共同防洪控制站的汇流滞时。

为了计算串联水库群预留防洪库容的权重，可先将串联水库群看作一个等效水库，该等效水库的入库流量 Q_d^t 是最上游串联水库入库流量与其他各串联水库区间流量的叠加，等效水库至共同防洪控制站的汇流滞时 τ_d 为最下游串联水库至共同防洪控制站的汇流滞时，等效水库设计防洪库容 V_d^{des} 为各串联水库设计防洪库容之和，预留防洪库容权重 α_d^t 可按式（3.2）计算，然后按式（3.3）分别计算串联水库群中水库 k 的预留防洪库容权重。

$$\alpha_k^t = \frac{1/\tau_k}{\sum_{dk=1}^{dm} 1/\tau_{dk}} \alpha_d^t \tag{3.3}$$

式中：α_k^t 为 t 时刻串联水库群中水库 k 预留防洪库容的权重；τ_k 为串联水库群中水库 k 到共同防洪控制站的汇流滞时；τ_{dk} 为串联水库群中水库 dk 到共同防洪控制站的汇流滞时；dm 为串联水库群水库的个数。

3.2.2 水库群防洪库容优化分配模型

1. 目标函数

水库群防洪库容优化分配模型在保证水库群自身及其下游共同防洪目标防洪安全的基础上，通过水库群防洪库容优化分配策略，实现对各水库防洪库容使用的控制，达到科学合理使用各水库防洪库容的目的，进而最大限度地降低水库群防洪系统的防洪风险。

定义水库群下游共同防洪控制站超过其安全下泄流量的水量为超标洪量，则以调度期内水库群下游共同防洪控制站的超标洪量衡量水库群下游共同防洪目标的安全程度，以变权重预留防洪库容最大策略实现对各水库防洪库容使用的控制。构建基于变权重预留防洪库容最大策略的水库群防洪库容优化分配模型，需要同时考虑两个目标函数：①水库群下游共同防洪控制站的超标洪量最小；②水库群预留防洪库容最大，计算式见式（3.4）和式（3.5）。

$$\min f_1 = W = \sum_{j=1}^{n} \sum_{t=1}^{T} w_j \max\{q_j^t - q_j^c, 0\} \Delta t \tag{3.4}$$

$$\max f_2 = V_R = \sum_{i=1}^{m} \sum_{t=1}^{T} \alpha_i^t \cdot (V_i^{\text{up}} - V_i^t) \tag{3.5}$$

式中：W 为水库群下游共同防洪控制站的超标洪量，亿 m³；w_j 为共同防洪控制站 j 的超标洪量权重系数；q_j^t 为 t 时刻共同防洪控制站 j 的断面流量，m³/s；q_j^c 为共同防洪控制站 j 的安全下泄流量，m³/s；Δt 为单位调度时长；n 为水库群下游共同防洪控制站的个数；T 为调度期调度时段个数。

2. 约束条件

（1）水库水量平衡约束。

$$V_i^t = V_i^{t-1} + (Q_i^t - q_i^t)\Delta t \tag{3.6}$$

式中：V_i^{t-1} 和 V_i^t 分别为 i 水库 $t-1$ 时刻和 t 时刻的库容，亿 m³；Q_i^t 为 i 水库 t 时刻的入库流量，m³/s；q_i^t 为 i 水库 t 时刻的下泄流量，m³/s。

（2）水库库容约束。

$$V_i^{\text{low}} \leqslant V_i^t \leqslant V_i^{\text{up}} \tag{3.7}$$

（3）水库下泄流量约束。

$$q_i^{\text{low}} \leqslant q_i^t \leqslant q_i^{\text{up}} \tag{3.8}$$

式中：q_i^{low} 为 i 水库为满足其下游供水、景观、生态等需求所允许的最小下泄流量，m³/s；q_i^{up} 为 i 水库的最大下泄流量，与水库的泄流能力及保证其防洪控制对象安全的下泄流量有关，m³/s。

（4）水库下泄流量变幅约束。

$$|q_i^t - q_i^{t-1}| \leqslant \mu_i \tag{3.9}$$

式中：μ_i 为 i 水库最大允许下泄流量变幅，m³/s。

（5）水库自身防洪任务安全流量约束。

$$q_i^t \leqslant \beta_i \tag{3.10}$$

式中：β_i 为 i 水库满足其自身防洪任务后的最大允许下泄流量，m³/s。

（6）河道流量演进约束。

对于较短的河道，采用式（3.11）构建河道洪水演算模型，对于较长河道，采用变参数非线性马斯京根模型构建河道洪水演算模型，通用表达式如式（3.12）所示。

$$q_k^t = Q_k^{t-\tau} \tag{3.11}$$

$$q_k^t = h_k(Q_k^{t-1}, Q_k^t, S_k^t) \tag{3.12}$$

式中：q_k^t 为 t 时刻 k 河段的出流断面流量，m³/s；$Q_k^{t-\tau}$ 为 $t-\tau$ 时刻 k 河段的入流断面流量，m³/s，τ 为 k 河段入流断面到出流断面的汇流滞时；Q_k^{t-1} 和 Q_k^t 分别为 $t-1$ 时刻和 t 时刻 k 河段的入流断面流量，m³/s；S_k^t 为 t 时刻 k 河段的槽蓄水量，m³；$h_k(\cdot)$ 为 k 河段出流断面流量演算方程，河段出流断面流量是入流断面流量及河段槽蓄水量的函数。根据第 2 章的相关研究成果，本章选择 DV-3PNMM 来构建河道洪水演算模型，并采用 AGANMS 法优选 DV-3PNMM 的参数。

3. 求解方法

水库群防洪库容优化分配问题是一个多维、多阶段、非线性的约束优化问题，目前主要有智能算法和动态规划类算法两类常用求解方法。已经被应用到水库优化调度问题中的智能算法有 GA、PSO 算法、差分进化算法、蚁群算法等，求解此类问题时智能算法的优化结果具有随机性，且易早熟，计算耗时长，而传统动态规划算法存在"维数灾"问题。国内外学者对传统动态规划算法进行改进，通过降低计算维度的方式，提出了一系列动态规划类算法，如离散微分动态规划法、增量动态规划算法、动态规划逐次逼近法、逐步优化算法（progressive optimization algorithm，POA）等，这些算法能有效降低优化问题的维数，在求解多维、多阶段、非线性的约束优化问题时，能取得较好的结果。本章运用 POA 求解上述水库群防洪库容优化分配问题。

POA 是 Howson 和 Sancho[56]提出的一种动态规划类算法，该算法基于贝尔曼（Bellman）最优化原理将多阶段优化问题分解为若干个两阶段子问题，然后对两阶段子问题进行求解[57]，能有效解决传统动态规划算法求解高维优化问题时存在的"维数灾"问题，提高了算法的计算效率。以水库群各水库的库容为决策变量，POA 求解流程图如图 3.6 所示。

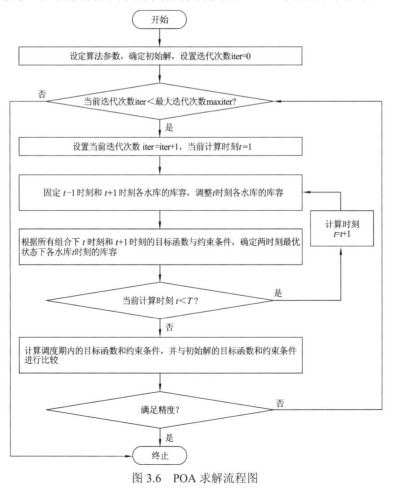

图 3.6 POA 求解流程图

已有研究成果表明，初始解对 POA 的收敛性影响较大，不当的初始解可能导致 POA 收敛不到全局最优解[58-59]，目前初始解一般需要调度员根据经验来假定，还没有一种通用可行的初始解产生方法，考虑到研究区域水库群联合防洪调度的复杂性，POA 初始解生成流程图如图 3.7 所示。

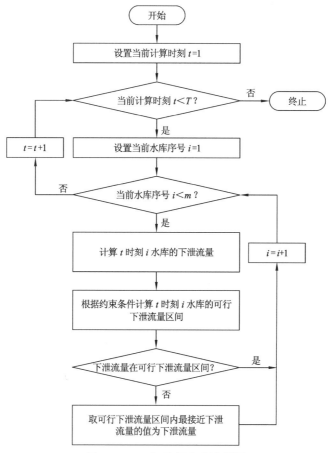

图 3.7 POA 初始解生成流程图

3.2.3 DV-3PNMM 计算超标洪量

在水库群防洪库容优化分配模型中水库群下游共同防洪控制站的超标洪量最小是目标函数之一，利用第 2 章提出的 DV-3PNMM 构建非线性河道洪水演算模型，计算不同调度方案下水库群下泄流量演进至下游防洪控制站的流量，以及其与下游防洪控制站安全下泄流量的差值，进而获得下游防洪控制站的超标洪量。

搜集到屏山站、李庄站、朱沱站和寸滩站等水文站 2015 年 1 月 1 日～2018 年 7 月 16 日的实测流量系列，单位时段长度 $\Delta t = 6\,h$。由于各水文站 2017 年 1 月 1 日～2018 年 7 月 16 日的实测流量范围较大，综合考虑各水文站资料情况，在构建研究区域水库群下游河道的非线性河道洪水演算模型时，先基于各水文站 2017 年 1 月 1 日～2018 年 7 月

16 日的实测流量资料，优选屏山至李庄河段、李庄至朱沱河段、朱沱至寸滩河段三个河段 DV-3PNMM 的参数，然后再基于各水文站 2015 年 1 月 1 日～2016 年 12 月 31 日的实测流量资料对各河段的模型进行验证。

1）参数优选

参数优选阶段屏山至李庄河段、李庄至朱沱河段、朱沱至寸滩河段三个河段 DV-3PNMM 和应用广泛的 LMM 的评价指标如表 3.2 所示。三个河段中 DV-3PNMM 计算结果的确定性系数 dy 均比 LMM 的大，且 DV-3PNMM 的 SSQ、MAE 和 MARE 等评价指标均小于 LMM 的相应评价指标，即 DV-3PNMM 的各项评价指标均优于 LMM，其中三个河段 DV-3PNMM 得到的 SSQ 分别减小了 5.85%、33.56%和 17.15%。因此，在模型参数优选阶段，DV-3PNMM 的演算精度高于 LMM。

表 3.2 DV-3PNMM 和 LMM 的评价指标（参数优选阶段）

河段	模型	评价指标			
		SSQ/（m³/s）²	dy	MAE/（m³/s）	MARE
屏山至李庄河段	LMM	751 673 721	0.950 9	440.412 4	0.102 4
	DV-3PNMM	707 706 265	0.953 8	422.991 5	0.097 4
李庄至朱沱河段	LMM	739 777 710	0.986 2	398.387 0	0.052 9
	DV-3PNMM	491 528 180	0.990 8	342.557 7	0.047 4
朱沱至寸滩河段	LMM	1 261 117 496	0.976 9	537.956 1	0.072 5
	DV-3PNMM	1 044 844 385	0.980 9	498.108 4	0.067 8

2）模型验证

根据 2015 年 1 月 1 日～2016 年 12 月 31 日的实测流量资料，利用参数优选后的 DV-3PNMM 和 LMM，演算屏山至李庄河段、李庄至朱沱河段、朱沱至寸滩河段的流量过程，并将其与实测流量过程比较，统计 DV-3PNMM 和 LMM 的评价指标，如表 3.3 所示，与 LMM 相比，DV-3PNMM 的 dy 较大，且 SSQ、MAE 和 MARE 等评价指标均较小，DV-3PNMM 的各项评价指标均优于 LMM，其中 DV-3PNMM 得到的 SSQ 分别减小了 2.64%、10.59%和 5.90%。

表 3.3 DV-3PNMM 和 LMM 的评价指标（模型验证阶段）

河段	模型	评价指标			
		SSQ/（m³/s）²	dy	MAE/（m³/s）	MARE
屏山至李庄河段	LMM	1 749 787 977	0.922 9	668.610 4	0.146 7
	DV-3PNMM	1 703 634 499	0.925 0	663.161 5	0.146 3
李庄至朱沱河段	LMM	1 958 835 789	0.970 8	540.209 7	0.065 6
	DV-3PNMM	1 751 390 551	0.973 9	514.730 0	0.064 0
朱沱至寸滩河段	LMM	2 345 593 306	0.967 3	638.144 1	0.078 9
	DV-3PNMM	2 207 171 663	0.969 3	624.286 1	0.077 9

利用 DV-3PNMM 建立三个河段的非线性河道洪水演算模型，得到的 2015 年 1 月 1 日～2016 年 12 月 31 日李庄站、朱沱站和寸滩站演算流量过程分别如图 3.8～图 3.10 所示，由图 3.8～图 3.10 可见，这三个水文站的演算流量过程与实测流量过程的匹配程度很好。因此，DV-3PNMM 的性能优良，较好地模拟了洪水在河道内的非线性演变规律，为研究水库群防洪库容优化分配奠定了技术基础。

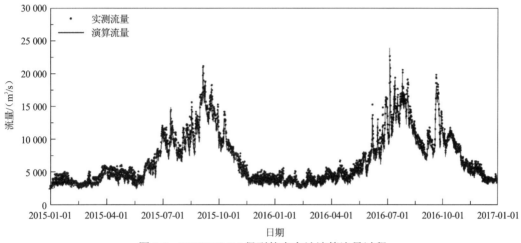

图 3.8　DV-3PNMM 得到的李庄站演算流量过程

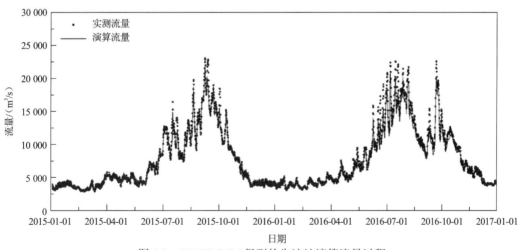

图 3.9　DV-3PNMM 得到的朱沱站演算流量过程

3.2.4　防洪优化调度及结果分析

利用建立的基于变权重预留防洪库容最大策略的水库群防洪库容优化分配模型，对长江川渝河段五座水库组成的混联水库群进行联合防洪优化调度。为了对比分析水库预留防洪库容权重对水库防洪库容利用的影响，对比分析两种计算工况下的水库群防洪库容使用方案：①等权重模型，各水库预留防洪库容的权重均为 0.20；②变权重模型，利

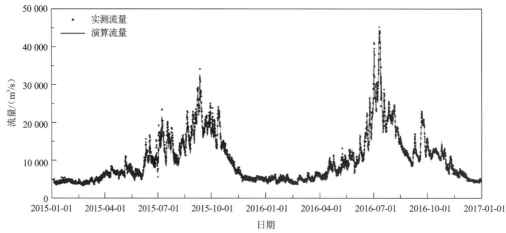

图 3.10　DV-3PNMM 得到的寸滩站演算流量过程

用水库的入库流量、设计防洪库容及其到寸滩站的汇流滞时等信息来计算各水库预留防洪库容的权重，各水库相关信息如表 3.4 所示。

表 3.4　各水库设计防洪库容及其到寸滩站的汇流滞时

项目	水库名称				
	溪洛渡水库	向家坝水库	紫坪铺水库	瀑布沟水库	亭子口水库
设计防洪库容/（亿 m³）	46.51	9.03	1.686	10.97	10.58
到寸滩站的汇流滞时/h	36	30	48	48	24

长江川渝河段遭遇 50 年一遇不同类型设计洪水时，利用等权重模型和变权重模型进行优化调度，李庄站和朱沱站的流量均不超过其安全下泄流量，即能保障宜宾和泸州的防洪安全，不同模型优化调度后寸滩站的超标洪量及各水库防洪库容最大使用比例如表 3.5 所示。

表 3.5　等权重模型和变权重模型优化调度计算结果

典型年份	模型	寸滩站超标洪量/（亿 m³）	水库防洪库容最大使用比例/%				
			溪洛渡水库	向家坝水库	紫坪铺水库	瀑布沟水库	亭子口水库
1961	等权重模型	11.628 7	15.19	100.00	100.00	100.00	100.00
	变权重模型	11.628 7	36.42	6.22	100.00	100.00	100.00
1981	等权重模型	0.474 9	38.47	100.00	100.00	100.00	100.00
	变权重模型	0.474 9	57.89	3.35	100.00	100.00	100.00
1989	等权重模型	0.000 0	95.11	100.00	100.00	100.00	100.00
	变权重模型	0.000 0	100.00	55.79	100.00	100.00	100.00
1991	等权重模型	0.000 0	18.48	100.00	100.00	100.00	30.46
	变权重模型	0.000 0	49.59	0.00	63.57	100.00	27.99
1998	等权重模型	0.000 0	3.00	100.00	100.00	70.21	100.00
	变权重模型	0.000 0	42.79	0.00	81.72	56.20	61.61

从表 3.5 可以看出：

（1）等权重模型和变权重模型对寸滩站的防洪效果相同。当遭遇 1961 年和 1981 年型设计洪水时，两种模型计算的寸滩站超标洪量相同；当遭遇 1989 年、1991 年和 1998 年型设计洪水时，两种模型下寸滩站均无超标洪量产生。1991 年和 1998 年型设计洪水为干流型洪水，洪水主要发生在向家坝水库上游的干流上，由于干流溪洛渡水库和向家坝水库的设计防洪库容较大，占水库群总设计防洪库容的 70.50%，有足够的防洪库容来削减超标洪量；1961 年型设计洪水为区间型洪水，洪水主要发生在水库群下游区间中，水库群不能对洪水进行有效控制，致使寸滩站出现较大超标洪量；1981 年和 1989 年型设计洪水虽然均为流域型洪水，但 1981 年型设计洪水的区间洪量占比较大，而上游干流洪量占比又较小，这使得水库群不能对 1981 年型设计洪水进行有效控制，致使当遭遇 1981 年型设计洪水时寸滩站有超标洪量产生，而当遭遇 1989 年型设计洪水时寸滩站没有超标洪量产生。

（2）变权重模型比等权重模型对各水库防洪库容的分配更加科学合理。当遭遇 1961 年、1981 年和 1989 年型设计洪水时，两模型优化调度后紫坪铺水库、瀑布沟水库和亭子口水库的防洪库容均用完（防洪库容最大使用比例均为 100.00%），且变权重模型优化调度后溪洛渡水库防洪库容最大使用比例较大，而向家坝水库防洪库容最大使用比例较小，变权重模型通过多使用溪洛渡水库的防洪库容，减少向家坝水库防洪库容的使用，以降低向家坝水库的防洪风险；当遭遇 1991 年和 1998 年型设计洪水时，变权重模型优化调度后溪洛渡水库防洪库容最大使用比例较大，而其他水库防洪库容最大使用比例较小或不变，变权重模型通过多使用溪洛渡水库的防洪库容，减少其他水库防洪库容的使用，降低了其他水库的防洪风险，使得各水库防洪库容的使用更科学合理。因此，在不降低下游防洪效果的基础上，变权重模型通过水库群防洪库容优化分配策略，实现各水库防洪库容的科学合理使用，降低了水库群防洪系统整体的防洪风险，达到高效使用各水库防洪库容的目的。变权重模型优化调度后溪洛渡水库防洪库容最大使用比例均大于向家坝水库防洪库容最大使用比例，这与溪洛渡水库和向家坝水库在实际联合防洪调度中先使用溪洛渡水库防洪库容，后使用向家坝水库防洪库容的调度方式相符。

为了更好地阐述水库预留防洪库容权重对水库防洪库容使用的影响，以 1998 年型设计洪水为例，变权重模型计算的各水库预留防洪库容权重随调度时段的变化过程如图 3.11 所示。亭子口水库和紫坪铺水库预留防洪库容的权重较大，而溪洛渡水库和向家坝水库预留防洪库容的权重较小，这使得水库群防洪库容优化分配时倾向于通过使用溪洛渡水库和向家坝水库的防洪库容，预留亭子口水库和紫坪铺水库的防洪库容来应对下一场洪水，降低了水库群防洪系统应对下一场洪水时的整体防洪风险。

不同模型优化调度后寸滩站的流量变化过程如图 3.12 所示，两模型优化调度后寸滩站的流量均在其安全下泄流量之下，寸滩站均没有产生超标洪量，等权重模型和变权重模型均能保障下游重庆的防洪安全。

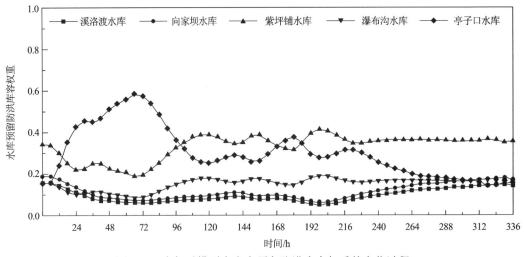

图 3.11　变权重模型中水库预留防洪库容权重的变化过程

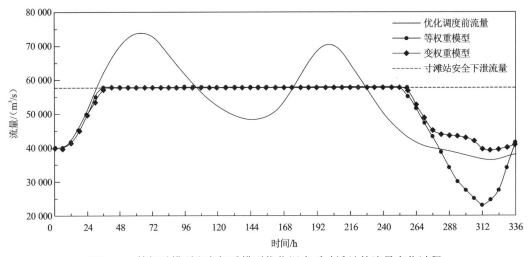

图 3.12　等权重模型和变权重模型优化调度后寸滩站的流量变化过程

等权重模型和变权重模型优化调度后水库防洪库容使用比例的变化过程分别如图 3.13 和图 3.14 所示。

从图 3.13 可以看出，等权重模型优化调度后溪洛渡水库的防洪库容基本没有使用，而向家坝水库、紫坪铺水库和亭子口水库的防洪库容均用完，这导致向家坝水库、紫坪铺水库和亭子口水库有较大的防洪风险，各水库防洪库容的使用不甚合理。从图 3.14 可以看出，变权重模型优化调度后向家坝水库的防洪库容没有使用，且溪洛渡水库、紫坪铺水库、瀑布沟水库和亭子口水库四座水库的防洪库容均没有用完，水库防洪风险均较低，各水库防洪库容的使用相对科学合理，水库群分担了水库群防洪系统的防洪风险。对比图 3.13 和图 3.14 可以看出，变权重模型优化调度后溪洛渡水库防洪库容最大使用比例增大，而其他水库防洪库容最大使用比例均减小，结合图 3.12 可知，在不降低下游防洪效果的基础上，变权重模型根据各水库预留防洪库容权重实现对水库群防洪库容的

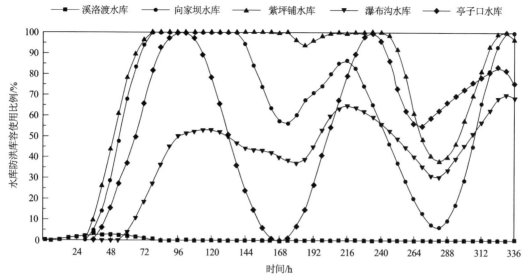

图 3.13　水库防洪库容使用比例变化过程（等权重模型）

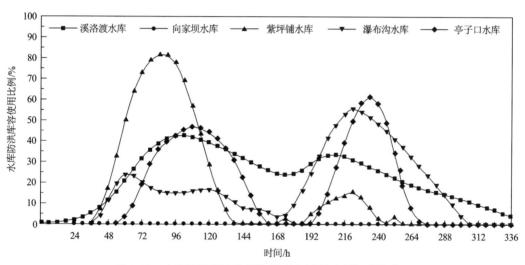

图 3.14　水库防洪库容使用比例变化过程（变权重模型）

优化分配，通过多使用溪洛渡水库的防洪库容来预留其他水库的防洪库容，以降低其他水库的防洪风险，进而达到高效利用各水库防洪库容的目的。因此，变权重模型优化调度后各水库防洪库容的使用更科学合理。

3.3　系统非线性安全度最大优化分配方法

从图 3.14 可以看出，当长江川渝河段遭遇 1998 年型设计洪水时，通过变权重模型的优化调度，紫坪铺水库、瀑布沟水库和亭子口水库的防洪风险虽然降低了，但这三座水库防洪库容的最大使用比例仍较大，为进一步提高水库群防洪系统的整体防洪安全，本节提出基于系统非线性安全度最大策略的水库群防洪库容优化分配模型,从而更加高效地利用各水库的防洪库容。

3.3.1 系统非线性安全度最大策略

在水库群联合防洪调度过程中,随着库水位的增加,水库剩余防洪库容逐渐减少,水库对洪水的拦蓄能力变弱,面临的防洪风险增大。水库安全度与水库防洪库容的最大使用比例有关,库水位越高,水库防洪库容最大使用比例越大,水库安全度越小,水库面临的防洪风险越大。因此,可以用水库安全度表征水库在水库群联合防洪调度过程中面临的防洪风险。传统的水库安全度与水库防洪库容最大使用比例呈线性关系(本书称其为水库线性安全度),其数学表达式如式(3.13)所示[60]。

$$A_i = 1 - R_i^{\max} \tag{3.13}$$

式中:A_i 为调度期内 i 水库的安全度;$R_i^{\max}$ 为调度期内 i 水库防洪库容的最大使用比例,数学表达式如式(3.14)所示。

$$R_i^{\max} = \max_{t \in [1,T]} R_i^t = \max_{t \in [1,T]} \left(\frac{V_i^t - V_i^{\text{low}}}{V_i^{\text{up}} - V_i^{\text{low}}} \times 100\% \right) \tag{3.14}$$

其中:R_i^t 为 i 水库在 t 时刻防洪库容的使用比例;V_i^t 为 i 水库在 t 时刻的库容,亿 m^3;V_i^{low} 为 i 水库汛限控制水位对应的库容,亿 m^3;V_i^{up} 为 i 水库防洪高水位对应的库容,亿 m^3。

在水库群联合防洪调度中,系统线性安全度最大策略利用水库线性安全度来协调水库群防洪库容的使用,达到科学合理使用各水库防洪库容的目的,水库线性安全度与水库防洪库容最大使用比例的关系如图 3.15(a)所示。

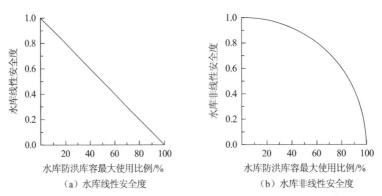

图 3.15　水库安全度与水库防洪库容最大使用比例的关系

从图 3.15(a)可以看出,随着水库防洪库容最大使用比例的增加,水库线性安全度以固定速率逐渐下降。在系统线性安全度最大策略中,使用靠近水库汛限控制水位的 10%防洪库容时水库线性安全度降低了 0.1,而使用靠近水库防洪高水位的 10%防洪库容时水库线性安全度也降低了 0.1。因此,系统线性安全度最大策略认为,靠近水库汛限控制水位的 10%防洪库容的使用与靠近水库防洪高水位的 10%防洪库容的使用,对水库安全的影响程度相同，这与实际情况不同。实际上，随着水库防洪库容使用的增多，防洪库容的进一步使用对水库安全的影响程度会逐渐增大，即水库安全度下降的速率应随水库防洪库容最大使用比例的增加逐渐增大。因此，系统线性安全度最大策略存在不足。

为了解决现有系统线性安全度最大策略存在的不足，本节设计了一种使水库安全度随着水库防洪库容使用的增加而逐渐降低，且降低的速率逐渐增大的非线性安全度计算方法，其数学表达式如式（3.15）所示（本书称其为水库非线性安全度）。

$$A_i = \sqrt{1 - R_i^{\max 2}} \tag{3.15}$$

系统非线性安全度最大策略下水库非线性安全度与水库防洪库容最大使用比例的关系如图 3.15（b）所示，随着水库防洪库容使用的增加，水库非线性安全度逐渐降低，且降低的速率逐渐增大（图中曲线的斜率均为负值，且逐渐变小）。从图 3.15（a）和（b）可以看出，使用靠近水库汛限控制水位的 10%防洪库容时，水库线性安全度降低量比水库非线性安全度降低量大，而在使用靠近水库防洪高水位的 10%防洪库容时，水库线性安全度降低量比水库非线性安全度降低量小。在水库群联合防洪调度中，当水库 A 和水库 B 防洪库容使用比例差别较大时，防洪库容使用比例较小的水库 A 的安全度大于防洪库容使用比例较大的水库 B 的安全度，根据系统非线性安全度最大策略，为了降低水库 B 的防洪风险，就会倾向于使用水库 A 的防洪库容，实现水库群防洪库容的优化分配，进而科学地使用各水库的防洪库容，达到最大限度地降低水库群防洪系统整体防洪风险的目的。因此，系统非线性安全度最大策略能使各水库防洪库容的利用更加科学合理，达到降低水库群系统防洪风险的目的，实现各水库防洪库容的高效利用。

3.3.2　水库群防洪库容优化分配模型

1）目标函数

科学的水库群联合防洪调度模型应承担水库自身、水库下游区域的防洪任务，基于系统非线性安全度最大策略的水库群防洪库容优化分配模型在调度目标中以水库群下游共同防洪控制站的超标洪量为最小，考虑水库下游区域的防洪任务，在约束条件中考虑水库自身的防洪任务，此外，在调度目标中还考虑了水库群系统非线性安全度最大的目标，模型的目标函数分别如式（3.16）和式（3.17）所示。

$$\min f_1 = W = \sum_{j=1}^{n}\sum_{t=1}^{T} w_j \max\{q_j^t - q_j^c, 0\}\Delta t \tag{3.16}$$

$$\max f_2 = A = \min_i \{A_i\} \tag{3.17}$$

式中：W 为水库群下游共同防洪控制站的超标洪量，亿 m³；w_j 为共同防洪控制站 j 超标洪量的权重系数；q_j^t 为 t 时刻共同防洪控制站 j 的断面流量，m³/s；q_j^c 为共同防洪控制站 j 的安全下泄流量，m³/s；Δt 为单位调度时长；n 为水库群下游共同防洪控制站的个数；T 为调度期调度时段个数；A 为水库群安全度。

2）约束条件

约束条件与 3.2.2 小节的约束条件相同。

3）求解方法

同 3.2.2 小节，本节采用 POA 求解此模型。

3.3.3 防洪优化调度及结果分析

利用基于系统非线性安全度最大策略的水库群防洪库容优化分配模型对长江川渝河段五座水库组成的混联水库群进行联合防洪优化调度。为了对比分析系统非线性安全度最大策略对防洪库容利用的影响规律，本节设置了三种计算工况：①变权重模型，同3.2 节；②线性模型，基于系统线性安全度最大策略的水库群防洪库容优化分配模型；③非线性模型，基于系统非线性安全度最大策略的水库群防洪库容优化分配模型。

长江川渝河段遭遇 50 年一遇不同类型设计洪水时，变权重模型、线性模型和非线性模型优化调度后李庄站和朱沱站的流量均不超过其安全下泄流量，均没有产生超标洪量，能保障宜宾和泸州的防洪安全，不同模型优化调度后寸滩站的超标洪量及各水库防洪库容的最大使用比例如表 3.6 所示。

表 3.6 不同模型优化调度计算结果

典型年份	模型	寸滩站超标洪量/（亿 m³）	水库防洪库容最大使用比例/%				
			溪洛渡水库	向家坝水库	紫坪铺水库	瀑布沟水库	亭子口水库
1961	变权重模型	11.628 7	36.42	6.22	100.00	100.00	100.00
	线性模型	11.628 7	16.58	100.00	100.00	100.00	100.00
	非线性模型	11.628 7	29.93	19.00	100.00	100.00	100.00
1981	变权重模型	0.474 9	57.89	3.35	100.00	100.00	100.00
	线性模型	0.474 9	100.00	100.00	100.00	100.00	100.00
	非线性模型	0.474 9	54.89	15.00	100.00	100.00	100.00
1989	变权重模型	0.000 0	100.00	55.79	100.00	100.00	100.00
	线性模型	0.000 0	97.31	97.31	97.31	97.31	97.31
	非线性模型	0.000 0	97.17	97.17	97.17	97.17	97.17
1991	变权重模型	0.000 0	49.59	0.00	63.57	100.00	27.99
	线性模型	0.000 0	100.00	100.00	100.00	100.00	100.00
	非线性模型	0.000 0	37.00	6.52	100.00	100.00	29.43
1998	变权重模型	0.000 0	42.79	0.00	81.72	56.20	61.61
	线性模型	0.000 0	36.50	36.50	36.50	36.50	36.50
	非线性模型	0.000 0	35.59	35.59	35.59	35.59	35.59

从表 3.6 可以看出：

（1）三个模型对寸滩站的防洪效果相同。当遭遇 1961 年和 1981 年型设计洪水时，三个模型计算的寸滩站的超标洪量相同；当遭遇 1989 年、1991 年和 1998 年型设计洪水时，三个模型下寸滩站均无超标洪量产生。1961 年型设计洪水为区间型洪水，洪水主要发生在水库群下游区间中，水库群不能对洪水进行有效控制，致使寸滩站出现较大超标洪量；1981 年型设计洪水虽然为流域型洪水，但其区间洪量占比较大，而上游干流洪量占比又较小，致使水库群不能对 1981 年型设计洪水进行有效控制，寸滩站有超标洪量产生。

（2）非线性模型对各水库防洪库容的分配更加科学合理。当遭遇 1961 年型设计洪水时，不同模型优化调度后紫坪铺水库、瀑布沟水库和亭子口水库防洪库容均用完，且非线性模型优化调度后向家坝水库防洪库容没有使用完，且溪洛渡水库和向家坝水库防洪库容的使用更合理；当遭遇 1981 年型设计洪水时，线性模型优化调度后各水库防洪库容均使用完，变权重模型和非线性模型优化调度后溪洛渡水库和向家坝水库的防洪库容仍有剩余，且非线性模型优化调度后溪洛渡水库和向家坝水库的使用更合理；当遭遇 1991 年型设计洪水时，线性模型优化调度后各水库防洪库容均使用完，变权重模型和非线性模型优化调度后部分水库防洪库容仍有剩余；当遭遇 1989 年和 1998 年型设计洪水时，非线性模型和线性模型优化调度后各水库防洪库容最大使用比例相同，但非线性模型优化调度后各水库防洪库容最大使用比例均较低，且与变权重模型相比，非线性模型优化调度后各水库均摊了水库群防洪系统的防洪风险，各水库防洪库容的使用更加科学合理。

以 1998 年型设计洪水为例，进一步比较分析变权重模型、线性模型和非线性模型对水库群防洪库容的优化分配效果。变权重模型、线性模型和非线性模型计算的寸滩站流量变化过程如图 3.16 所示，不同模型计算的寸滩站流量均在其安全下泄流量之下，均没有产生超标洪量，说明这三个模型均能保障下游重庆的防洪安全。

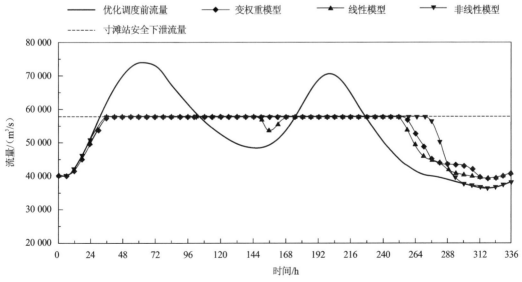

图 3.16　不同模型优化调度后寸滩站流量变化过程

变权重模型、线性模型和非线性模型优化调度后各水库防洪库容使用比例变化过程分别如图3.14、图3.17、图3.18所示。非线性模型和线性模型优化调度后各水库防洪库容最大使用比例均在50%以下;变权重模型优化调度后向家坝水库的防洪库容没有使用,而紫坪铺水库、瀑布沟水库和亭子口水库防洪库容的最大使用比例均超过了50%,这使得紫坪铺水库、瀑布沟水库和亭子口水库的防洪风险较大;与变权重模型相比,非线性模型和线性模型优化调度后各水库防洪库容的使用较科学合理,且非线性模型优化调度后各水库防洪库容的最大使用比例均较低,非线性模型能有效降低水库群防洪系统的整体防洪风险。因此,非线性模型优化调度后,水库群防洪库容的利用更科学合理,提高了水库群系统的整体防洪效益,使得各水库防洪库容的利用更高效。

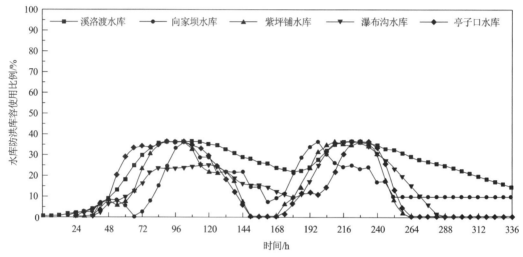

图 3.17 水库防洪库容使用比例变化过程(线性模型)

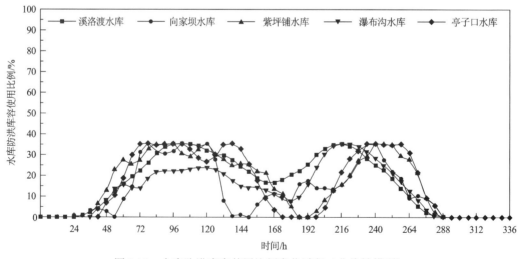

图 3.18 水库防洪库容使用比例变化过程(非线性模型)

3.4　水库群防洪库容等效性研究

围绕水库群联合防洪调度中各水库防洪库容的高效利用问题，3.2 节和 3.3 节提出了变权重预留防洪库容最大策略和系统非线性安全度最大策略，并建立了相应的水库群防洪库容优化分配模型，研究了水库群防洪库容的优化分配问题，提高了水库群防洪系统的整体防洪能力。在此基础上，本章将进一步深入研究水库群防洪库容利用的相关性和有效性，研究不同区域水库防洪库容的等效性，为提高流域的整体防洪能力提供技术支撑。

本章围绕水库群联合防洪调度中水库群防洪库容利用的相关性和有效性，首先定义了水库防洪库容等效比的概念，在此基础上，提出了一种定量研究水库群防洪库容等效性的方法，最后以长江川渝河段五座水库为例，研究了研究区域干支流水库与溪洛渡水库防洪库容的等效性，以及支流水库与干流水库防洪库容的等效性，为研究科学利用金沙江下游水库群防洪库容配合三峡水库承担长江中下游地区的防洪任务提供理论支撑。

3.4.1　水库群防洪库容等效性定量研究方法

1. 水库防洪库容等效比及水库防洪效益

在水库群联合防洪优化调度中，当水库甲最大使用防洪库容减少 $\Delta V_{甲}$ 后，为保障下游共同防洪控制站的防洪安全，另一水库（如水库乙）的最大使用防洪库容必将增加 $\Delta V_{乙}$，以抵消水库甲最大使用防洪库容减少对下游共同防洪控制站防洪安全的影响。因此，在对下游共同防洪控制站的联合防洪调度中，水库甲最大使用防洪库容减少量 $\Delta V_{甲}$ 与水库乙最大使用防洪库容增加量 $\Delta V_{乙}$ 具有相同的防洪效果，可以 $\Delta V_{乙}$ 与 $\Delta V_{甲}$ 的比值 $\alpha_{甲}^{乙} = \Delta V_{乙} / \Delta V_{甲}$ 来衡量水库乙防洪库容相对于水库甲防洪库容的相关性和有效性。为研究水库群防洪库容利用的相关性和有效性，方便下面叙述，定义如下相关概念。

定义 3.1　水库防洪库容等效比

水库群联合防洪调度中，在保障下游共同防洪控制站防洪安全的基础上，水库甲最大使用防洪库容减少后，定义水库乙最大使用防洪库容增加量与水库甲最大使用防洪库容减少量的比值为水库乙相对于水库甲防洪库容的等效比，记为 $\alpha_{甲}^{乙}$。

定义 3.2　水库防洪效益

水库群联合防洪调度中，定义水库甲单位防洪库容产生的防洪效果为水库甲的防洪效益，记为 $\eta_{甲}$。

水库防洪库容等效比表征水库之间防洪库容利用的相关性，而水库防洪效益表征水库单位防洪库容对下游共同防洪控制站防洪的有效性。当 $\alpha_{甲}^{乙} = 1$ 时，水库乙和水库甲的防洪效益相同，即 $\eta_{乙} = \eta_{甲}$；当 $\alpha_{甲}^{乙} < 1$ 时，水库乙的防洪效益高于水库甲，即 $\eta_{乙} > \eta_{甲}$；

当 $\alpha_{\text{甲}}^{\text{乙}}>1$ 时，水库乙的防洪效益低于水库甲，即 $\eta_{\text{乙}}<\eta_{\text{甲}}$。

2. 水库群防洪库容等效性计算流程

本节利用 3.3 节基于系统非线性安全度最大策略的水库群防洪库容优化分配模型，采用水库防洪库容等效比的概念，设计了一种定量研究水库群防洪库容利用相关性和等效性的方法。为方便下面叙述，以长江川渝河段五座水库组成的水库群防洪系统为例，阐述该定量研究水库群防洪库容利用相关性和等效性的方法，以研究瀑布沟水库相对于溪洛渡水库防洪库容的等效比为例，其步骤如下。

（1）利用水库群防洪库容优化分配模型对长江川渝河段水库群防洪系统进行联合防洪优化调度，并统计各水库最大使用防洪库容及下游李庄站、朱沱站和寸滩站等防洪控制站的超标洪量。假设溪洛渡水库、向家坝水库、紫坪铺水库、瀑布沟水库和亭子口水库的最大使用防洪库容分别为 V_{XLD}、V_{XJB}、V_{ZPP}、V_{PBG} 和 V_{TZK}，且水库群下游李庄站、朱沱站和寸滩站均没有产生超标洪量。

（2）为了将溪洛渡水库最大使用防洪库容减少量 ΔV_{XLD}，将溪洛渡水库的最大允许使用防洪库容约束至 $V_{\text{XLD}}-\Delta V_{\text{XLD}}$，并将向家坝水库、紫坪铺水库和亭子口水库的最大允许使用防洪库容约束至 V_{XJB}、V_{ZPP} 和 V_{TZK}，经过水库群防洪库容优化分配模型的优化调度后，在保证不降低下游共同防洪控制站防洪安全的基础上，统计瀑布沟水库最大使用防洪库容 $V_{\text{PBG}}^{\max}$，进而计算瀑布沟水库最大使用防洪库容的增加量 ΔV_{PBG}，则瀑布沟水库相对于溪洛渡水库防洪库容的等效比 $\alpha_{\text{XLD}}^{\text{PBG}}=\Delta V_{\text{PBG}}/\Delta V_{\text{XLD}}$。

（3）逐步增加溪洛渡水库最大使用防洪库容的减少量 ΔV_{XLD}，并重复步骤（2），统计瀑布沟水库最大使用防洪库容 $V_{\text{PBG}}^{\max}$，进而计算瀑布沟水库最大使用防洪库容的增加量 ΔV_{PBG} 和相对于溪洛渡水库防洪库容的等效比 $\alpha_{\text{XLD}}^{\text{PBG}}$，直至水库群下游共同防洪控制站出现超标洪量为止。

（4）在同一坐标系中分别作出瀑布沟水库最大使用防洪库容增加量 ΔV_{PBG} 及瀑布沟水库相对于溪洛渡水库防洪库容的等效比 $\alpha_{\text{XLD}}^{\text{PBG}}$ 与溪洛渡水库最大使用防洪库容减少量 ΔV_{XLD} 的关系曲线，并根据这两条曲线分析瀑布沟水库与溪洛渡水库防洪库容的等效性。

3.4.2 长江川渝河段干支流水库与溪洛渡水库防洪库容等效性

目前，长江流域即将建成金沙江中游水库群、雅砻江水库群、金沙江下游水库群、岷江水库群、嘉陵江水库群、乌江水库群等 30 座水库，总防洪库容接近 500 亿 m^3。《长江流域综合规划（2012—2030 年）》要求长江流域干支流水库群不仅要承担所在区域的防洪任务，还要配合三峡水库承担长江中下游地区的防洪任务[61]。因此，在长江防洪体系建设新格局中，长江川渝河段的防洪以金沙江下游水库群为主，岷江水库群和嘉陵江水库群在保障本河流防洪安全的基础上，配合金沙江下游水库群承担长江川渝河段的防洪任务，而在川渝河段之外，金沙江下游水库群还要预留部分防洪库容，配合三峡水库承担长江中下游地区的防洪任务[62-63]。

在长江川渝河段水库群的联合防洪调度中，为满足长江防洪体系建设新格局的要求，应在保障长江川渝河段防洪安全的基础上，最大限度地利用岷江水库群和嘉陵江水库群的防洪库容，预留金沙江下游水库群的防洪库容，配合三峡水库承担长江中下游地区的防洪任务。因此，科学合理地运用金沙江下游水库群、岷江水库群和嘉陵江水库群的防洪库容，研究水库群防洪库容使用的相关性和等效性，实现金沙江下游水库群、岷江水库群和嘉陵江水库群各水库防洪库容的高效利用，让金沙江下游水库群的预留防洪库容承担长江中下游地区的防洪任务。本节以长江川渝河段溪洛渡水库、向家坝水库、紫坪铺水库、瀑布沟水库和亭子口水库五座水库组成的水库群防洪系统为例，利用 3.4.1 小节提出的水库群防洪库容等效性定量研究方法，探讨不同区域水库防洪库容利用的相关性和有效性。

1. 干流水库与溪洛渡水库防洪库容等效性

长江川渝河段干流上的水库有溪洛渡水库和向家坝水库，以长江川渝河段遭遇 1998 年型 50 年一遇设计洪水为例，依次减少溪洛渡水库的最大使用防洪库容，利用水库群防洪库容等效性定量研究方法得到的向家坝水库与溪洛渡水库防洪库容等效性曲线如图 3.19 所示。

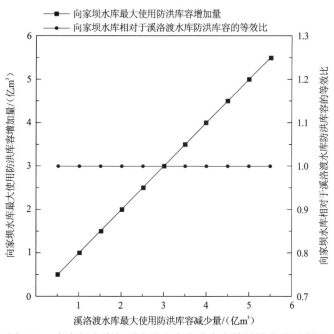

图 3.19　向家坝水库与溪洛渡水库防洪库容等效性曲线示意图

从图 3.19 可以看出，向家坝水库最大使用防洪库容增加量与溪洛渡水库最大使用防洪库容减少量的关系曲线为斜率等于 1 的直线，向家坝水库相对于溪洛渡水库防洪库容

的等效比 α_{XLD}^{XJB} 与溪洛渡水库最大使用防洪库容减少量的关系曲线为水平直线。因此，向家坝水库最大使用防洪库容增加量与溪洛渡水库最大使用防洪库容减少量相等，向家坝水库相对于溪洛渡水库防洪库容的等效比 α_{XLD}^{XJB} 不随溪洛渡水库最大使用防洪库容减少量变化，且 $\alpha_{XLD}^{XJB}=1$，即向家坝水库与溪洛渡水库的防洪效益相同。

长江川渝河段干流的溪洛渡水库和向家坝水库为串联水库群，溪洛渡水库和向家坝水库距离较近，采用的径流资料没有考虑溪洛渡水库和向家坝水库之间的区间流量，且溪洛渡水库到向家坝水库的汇流滞时小于所用径流资料的单位时段长度，在水库群防洪库容优化分配模型中溪洛渡水库的出库流量即向家坝水库的入库流量。因此，溪洛渡水库和向家坝水库的防洪效益相同，即向家坝水库相对于溪洛渡水库防洪库容的等效比 $\alpha_{XLD}^{XJB}=1$。

2. 支流水库与溪洛渡水库防洪库容等效性

长江川渝河段支流上的水库有紫坪铺水库、瀑布沟水库和亭子口水库，由于紫坪铺水库设计防洪库容较小，不单独研究其与溪洛渡水库防洪库容的等效性。依次减少溪洛渡水库最大使用防洪库容，利用水库群防洪库容等效性定量研究方法得到的瀑布沟水库与溪洛渡水库防洪库容等效性曲线及亭子口水库与溪洛渡水库防洪库容等效性曲线分别如图 3.20 和图 3.21 所示。从图 3.20 可以看出，随着溪洛渡水库最大使用防洪库容的减少，瀑布沟水库最大使用防洪库容逐渐增加，且瀑布沟水库最大使用防洪库容增加量与溪洛渡水库最大使用防洪库容减少量关系曲线的斜率逐渐增加，即随着溪洛渡水库最大使用防洪库容的减少，瀑布沟水库相对于溪洛渡水库防洪库容的等效比 α_{XLD}^{PBG} 逐渐增加，且 $\alpha_{XLD}^{PBG}<1$，这表明瀑布沟水库最大使用防洪库容增加量小于溪洛渡水库最大使用防洪库

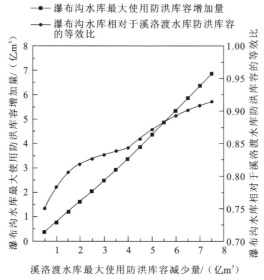

图 3.20 瀑布沟水库与溪洛渡水库防洪库容等效性曲线

容减少量，瀑布沟水库比溪洛渡水库的防洪效益高。同理，从图 3.21 可以看出，随着溪洛渡水库最大使用防洪库容的减少，亭子口水库相对于溪洛渡水库防洪库容的等效比 α_{XLD}^{TZK} 逐渐增加，且 $\alpha_{XLD}^{TZK} < 1$，即亭子口水库比溪洛渡水库的防洪效益高。对比图 3.20 和图 3.21 可以发现，亭子口水库与溪洛渡水库防洪库容等效性曲线和瀑布沟水库与溪洛渡水库防洪库容等效性曲线相同，亭子口水库相对于溪洛渡水库防洪库容的等效比 $\alpha_{XLD}^{TZK} = \alpha_{XLD}^{PBG}$，亭子口水库与瀑布沟水库的防洪效益相同，且均比溪洛渡水库的防洪效益高。

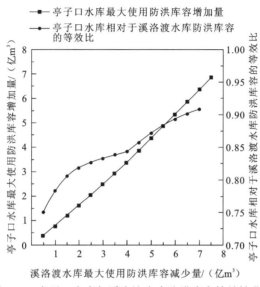

图 3.21 亭子口水库与溪洛渡水库防洪库容等效性曲线

为了进一步说明支流水库与溪洛渡水库防洪库容的等效性，以瀑布沟水库为例，溪洛渡水库最大使用防洪库容减少 1 亿 m^3 前后溪洛渡水库与瀑布沟水库使用防洪库容变化过程如图 3.22 所示，其中状态 1 为溪洛渡水库最大使用防洪库容减少 1 亿 m^3 前溪洛渡水库和瀑布沟水库使用防洪库容的变化过程，状态 2 为溪洛渡水库最大使用防洪库容减少 1 亿 m^3 后溪洛渡水库和瀑布沟水库使用防洪库容的变化过程。

1998 年型 50 年一遇设计洪水有两个洪峰，可将其看作连续两场单峰洪水（洪水 1 和洪水 2）组成的洪水，从图 3.22 可以看出，溪洛渡水库最大使用防洪库容减少 1 亿 m^3 前，溪洛渡水库最大使用防洪库容发生在调节洪水 1 和洪水 2 时，而溪洛渡水库最大使用防洪库容减少 1 亿 m^3 后，溪洛渡水库最大使用防洪库容仅发生在调节洪水 1 时。因此，溪洛渡水库最大使用防洪库容减少 1 亿 m^3 前，溪洛渡水库最大防洪库容的使用主要是为了调节洪水 1，受系统非线性安全度最大策略的影响，在调节洪水 2 时，溪洛渡水库也使用了较大的防洪库容来分担其他水库的防洪压力。溪洛渡水库最大使用防洪库容减少 1 亿 m^3 前后，瀑布沟水库最大使用防洪库容均发生在调节洪水 2 时，这导致溪洛渡水库最大使用防洪库容减少 1 亿 m^3 后，在洪水 1 时瀑布沟水库增加防洪库容的使用，来消除溪洛渡水库最大使用防洪库容减少 1 亿 m^3 对下游防洪安全的影响，但在洪

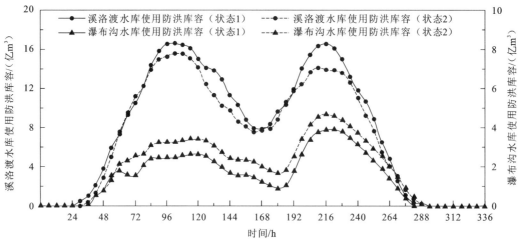

图 3.22 瀑布沟水库与溪洛渡水库使用防洪库容变化过程

水 1 过去后，瀑布沟水库及时腾空了部分防洪库容以便调节洪水 2，这造成瀑布沟水库最大使用防洪库容增加量小于溪洛渡水库最大使用防洪库容减少量，从而也就导致了瀑布沟水库的防洪效益高于溪洛渡水库。

3.4.3 长江川渝河段支流水库与干流水库防洪库容等效性

为了研究支流水库（紫坪铺水库、瀑布沟水库和亭子口水库）与干流水库（溪洛渡水库和向家坝水库）防洪库容的等效性，同样以长江川渝河段遭遇 1998 年型 50 年一遇设计洪水为例，逐步减少干流水库的最大使用防洪库容，得到的支流水库与干流水库防洪库容等效性曲线如图 3.23 所示，其中，考虑到溪洛渡水库和向家坝水库在实际联合防洪调度中先使用溪洛渡水库的防洪库容拦蓄洪水，后使用向家坝水库的防洪库容拦蓄洪水的准则，干流水库中先减少向家坝水库的最大使用防洪库容，待向家坝水库的使用防洪库容为零后，再减少溪洛渡水库的最大使用防洪库容。从图 3.23 可以看出，随着干流水库最大使用防洪库容的减少，支流水库最大使用防洪库容逐渐增加，支流水库相对于干流水库防洪库容的等效比 α_s^t 也逐渐增加，且 $\alpha_s^t < 1$，这表明支流水库最大使用防洪库容增加量小于干流水库最大使用防洪库容减少量，支流水库的防洪效益比干流水库高，即 $\eta_t > \eta_s$。

干流水库最大使用防洪库容减少 1 亿 m^3 前后支流水库与干流水库使用防洪库容变化过程如图 3.24 所示，其中状态 1 为干流水库最大使用防洪库容减少 1 亿 m^3 前干流水库和支流水库使用防洪库容的变化过程，状态 2 为干流水库最大使用防洪库容减少 1 亿 m^3 后干流水库和支流水库使用防洪库容的变化过程。

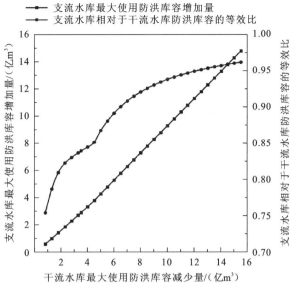

图 3.23　支流水库与干流水库防洪库容等效性曲线

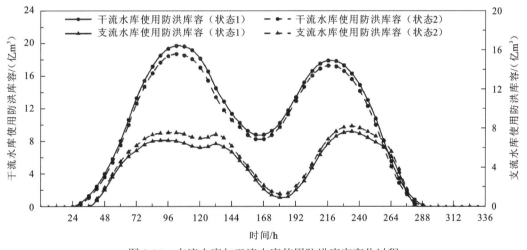

图 3.24　支流水库与干流水库使用防洪库容变化过程

从图 3.24 可以看出，干流水库最大使用防洪库容减少 1 亿 m³ 前后，干流水库最大使用防洪库容均发生在调节洪水 1 时，而支流水库最大使用防洪库容均发生在调节洪水 2 时。干流水库最大使用防洪库容减少 1 亿 m³ 后，在洪水 1 时支流水库增加防洪库容使用，来消除干流水库最大使用防洪库容减少对下游防洪安全的影响，但在洪水 1 过去后，支流水库及时腾空了部分防洪库容以便调节洪水 2，造成支流水库最大使用防洪库容增加量小于干流水库最大使用防洪库容减少量，使得支流水库的防洪效益高于干流水库。

为了更充分地阐述干流水库与支流水库防洪库容的等效性，给出干流水库最大使用防洪库容减少 1 亿 m³ 后，支流水库使用防洪库容增加量与干流水库使用防洪库容减少量的变化过程，如图 3.25 所示。在水库群联合防洪调度期间，支流水库使用防洪库容增加量均在干流水库使用防洪库容减少量之下，这充分说明了支流水库使用较少的防洪库容，即可消除干流水库最大使用防洪库容减少对下游防洪安全的影响。因此，在水库群联合防洪调度中，在满足川渝河段防洪要求的基础上，应尽可能地多运用支流水库的防洪库容，以便预留较多的干流水库防洪库容，配合三峡水库承担长江中下游的防洪任务。

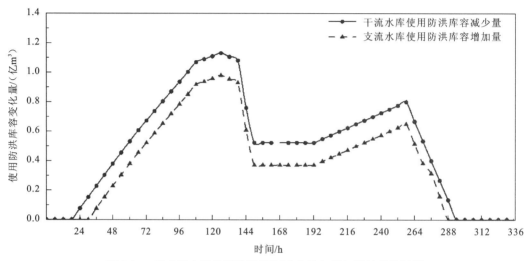

图 3.25　干支流水库使用防洪库容减少量与增加量的变化过程

第4章 水库洪水资源化利用风险调控方法

思所以危则安矣，风险意识是人类危机意识的一种体现。自然灾害风险评估始于20世纪20年代，最初多局限于关注自然灾害发生的可能性，而对自然灾害的脆弱性研究不多。风险概念在20世纪80年代开始被运用到水库防洪领域，以开展来水预报、水库调度、水库泄洪等风险分析。

在国内，早期出于对防洪安全的考量，采用单一汛限水位控制方式，在遭遇中小洪水情况下水库在大部分时期处于防洪超安全状态，洪水资源利用不甚合理。随着我国对洪水资源管理水平的提高，出现了分期汛限水位的概念。随着气候变化和人类活动对水库群防洪调度系统影响的加剧，防洪安全与洪水资源互馈关系变得愈加复杂，需要从不同层次结构和时空尺度辨识影响互馈系统的演化过程和影响动态平衡的主要风险因素，提出复杂风险胁迫下互馈系统多重风险的传递机理与风险评估方法。提出科学合理的水库汛期运行水位控制方法是降低防洪风险，提高洪水资源利用效率的有效技术手段[64]。如何在风险评估的基础上，进行合理的水库汛期运行水位动态调控成为亟须解决的科学技术问题。

洪涝灾害是对人类危害最大的自然灾害，如何有效降低洪涝灾害造成的损失，一直是人类面临的挑战。水利工程在防洪减灾中发挥了重要的作用，水库的防洪调度是其关键技术之一。流域的防洪体系是一项复杂的系统工程，受诸多不确定性因素的影响，考虑不确定性的防洪风险分析始于20世纪60年代，经过几十年的研究和发展，已由最初仅考虑水文预报的不确定性，发展到了考虑水文、水力联系及边界条件和初始条件等多种不确定性因素的综合风险分析。水库防洪调度风险分析涉及复杂的多阶段、多目标风险评价，如何对这些不确定性因素进行量化处理并综合考虑到水库防洪调度的整个过程中，一直是水库防洪调度迫切需要解决的关键科学技术问题。

本章以丹江口水库为研究对象，深入研究丹江口水库汛期运行水位分阶段上浮所产生的风险。建立洪水过程随机模拟模型，根据丹江口水库防洪调度要素组成，辨识防洪调度的主要风险因素（洪水预报误差、洪水发生时间、洪水地区组成、初始起调水位），探究各主要风险因素的分布特征及演变规律，在此基础上，建立丹江口水库防洪调度风险分析模型，采用不同量级的典型年和模拟洪水过程，对主要风险因素及其组合不确定性环境下丹江口水库防洪调度的风险进行模拟计算，分析对汉江中下游防洪安全的影响，绘制丹江口水库汛期运行水位动态控制风险图，实现汛期运行水位动态控制的风险评估与风险决策，为水库群联合防洪调度与洪水资源化协同利用提供理论依据。

4.1 研究范围与典型洪水

4.1.1 研究范围

汉江是长江的一大支流，丹江口水库—皇庄站区间（以下简称丹皇区间）位于汉江中游地区，全长约 270 km，主要支流有南河和唐白河，总集水面积为 46 800 km²，占整个汉江流域总面积的 32%，其中丹江口水库以上部分由丹江口水库控制，集水面积为 95 200 km²。丹皇区间是暴雨常发之地，汇流迅猛，如"35.7"历史特大洪水，区间洪峰流量高达 22 000 m³/s，"83.10"洪水区间洪峰流量也有 9 000 m³/s，因此，丹皇区间是汉江防洪的重要河段，本章研究范围为丹江口水库至皇庄站河段，分析丹江口水库防洪调度对下游防洪控制点皇庄站的影响，评估其防洪调度的风险，研究区域如图 4.1 所示。

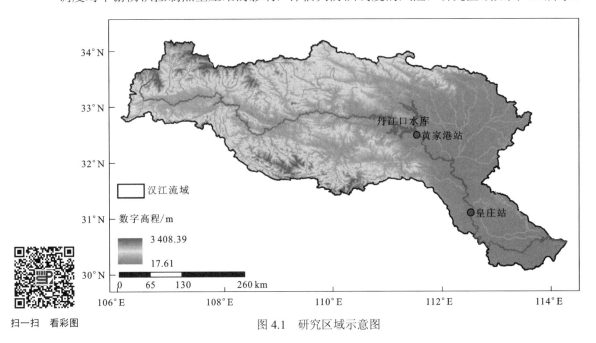

图 4.1 研究区域示意图

扫一扫 看彩图

1. 丹江口水库

丹江口水库位于湖北丹江口汉江干流与丹江汇合口下游约 800 m 处，丹江口水库具有防洪、供水、发电、航运等综合利用效益，是汉江综合利用开发治理的关键性水利工程，也是南水北调中线的供水水源工程。丹江口水库正常蓄水位为 170.00 m，死水位为 150.00 m（极限消落水位为 145.00 m），防洪限制水位为 160.00～163.50 m，调洪最高水位为 171.70 m，设计洪水位为 172.20 m，校核洪水位为 174.35 m，坝顶高程为 176.60 m，具有多年调节能力。

丹江口水库的防洪调度任务是在确保水库安全的前提下，与汉江中下游堤防、蓄滞洪区、民垸等联合运用，满足汉江中下游防洪要求，目前丹江口水库防洪调度采用预报预泄、分级补偿调节的夏、秋汛期分期防洪调度方式。

2. 水文站

汉江流域水文记录始于 1929 年，观测内容包括水位、流量、泥沙等。丹江口水库以上汉江上游干流设有武侯镇站、洋县站、石泉站、安康站、白河站、郧县站等水文站，汉江中下游干流设有黄家港站、襄阳站、余家湖站、碾盘山站、皇庄站、沙洋站、仙桃站等水文站。汉江主要支流也设有众多水文站。本次分析计算主要依据的各水文（水位）站简介如下。

1）黄家港站

黄家港站位于丹江口水库坝下 6.19 km，1953 年 8 月由水利部长江水利委员会设立，1965 年 1 月起基本水尺断面上迁 950 m 到左岸并观测至今，集水面积为 95 217 km^2。丹江口水库运行期间，因来沙减少，同流量（多年平均流量为 1 250 m^3/s）下水位下降达 1.64 m，1979 年后，河段冲刷已基本平衡，水位流量关系趋于稳定，水位流量关系基本为较稳定的单一线。随着 1999 年王甫洲水库的投入运营，水位流量关系有所变化，黄家港站受下游水库顶托影响，水位流量关系异常复杂。

2）皇庄站、碾盘山站

皇庄站的前身为钟祥站，1932 年 6 月建立，用于观测水位，1933 年 5 月增加流量、含沙量测验，1936 年 9 月断面上迁 18 km 至碾盘山，设立碾盘山站，钟祥站仍保留水位观测至 1938 年 7 月底。碾盘山站于 1938 年 8 月～1947 年 1 月和 1947 年 12 月～1949年 12 月两度停测，1950 年 1 月恢复观测，1973 年 4 月断面又下迁 18 km 到皇庄，设皇庄站，观测至今。

碾盘山站附近测验河段较顺直。上游 4 km 有支流从右岸汇入，下游 17 km 有直河从左岸汇入。基本水尺断面 0.5 km 以上河面开阔。断面左岸为岩石，右岸有滩地及民堤，河床由沙质组成，低水时断面出现沙洲。右岸民堤在特大洪水时易溃决，形成堤垸内分流。由于断面以上山嘴的顶水作用，主流略偏左岸。

皇庄站位于碾盘山站下游 18 km，其上游 22 km 右岸有浰河汇入。测验河段较顺直，两端宽中间窄，基本水尺断面 1.5 km 以上河面开阔，右岸有沙洲及滩地，滩宽与主流河宽相近，水位达 46.0 m 开始漫滩，达 48.0 m 时滩地全漫，滩内有民堤，基本水尺断面下游 1 000 m 为一大弯道，河床由沙质组成，主泓偏左。

4.1.2　防洪调度规程

丹江口水库主汛期为 7～10 月，但从气象上看，可划分为两个明显的时期，7～8 月主要受极锋北进影响，9～10 月主要受极锋南撤影响。按照频率分析计算要求资料系列一致性的原则，结合天气条件和暴雨洪水特性分析，夏秋洪水分期以 8 月 20 日为界，6

月 21 日~~8 月 20 日的洪水为夏季洪水，9 月 1 日～10 月 15 日的洪水为秋季洪水。汉江流域夏秋季之间的过渡时段较短，有些年份还受到夏季洪水推迟和秋季洪水提前的影响，不宜划为一个单独的选择时段进行统计分析。根据以上前后期洪水划分，丹江口水库防洪调度也相应实行分期调度。

1. 防洪调度任务

丹江口水库的防洪调度任务是：在确保水库安全的前提下，与汉江中下游堤防、蓄滞洪区、民垸等联合运用，满足汉江中下游地区的防洪要求；必要时分担长江中下游地区的防洪压力。当汉江中下游遭遇 1935 年同级别大洪水（相当于 100 年一遇设计洪水）时，通过水库拦蓄上游洪水，配合运用杜家台蓄滞洪区和中下游部分民垸分洪，确保汉江中下游地区的防洪安全；当遭遇 1935 年以下洪水时，通过水库拦蓄上游洪水，减少杜家台蓄滞洪区和中下游民垸的运用概率。

2. 防洪调度控制水位

在汛期发生洪水时，水库按不高于防洪限制水位运行：夏汛期为 6 月 21 日～8 月 20 日，防洪限制水位为 160.00 m；8 月 21～31 日为夏汛期向秋汛期的过渡期；秋汛期为 9 月 1 日～10 月 10 日，其中 9 月 1～30 日防洪限制水位为 163.50 m，从 10 月 1 日起，视汉江汛情和水文气象预报，丹江口水库可以逐步蓄水，10 月 10 日之后可蓄至正常蓄水位 170.00 m。考虑泄水设施启闭运行、水情预报误差等，实时调度时水库运行水位可在防洪限制水位以下 0.5 m 至以上 0.5 m 范围内变动。

3. 防洪调度方式

丹江口水库根据水文预报成果，采用预报预泄、分级补偿调节的夏、秋汛期分期防洪调度方式。

1）预报预泄方式

（1）预泄启动判别条件。

当丹江口水库水位在防洪限制水位附近或之上时，如果未来 1～2 天丹江口水库预报入库流量与丹皇区间预报流量之和（未考虑丹江口水库的调蓄作用，以下简称皇庄站预报总入流）夏汛期大于等于 6 000 m^3/s、秋汛期大于等于 10 000 m^3/s，且汉江上游也将发生较大洪水，则启动水库预泄。

（2）预泄流量及预泄终止。

预泄流量根据预见期长短和预报洪水量级及洪水地区组成等因素，以控制皇庄站流量夏、秋汛期分别不超过 11 000 m^3/s 和 12 000 m^3/s 综合确定。当汉江上游洪水已经形成，且预报的丹江口水库入库流量将达到或超过 10 年一遇洪水（夏汛期洪峰流量 38 600 m^3/s、秋汛期洪峰流量 26 800 m^3/s）时，水库按照"分级补偿调节方式"运行。当实际来水较预报偏小较多或丹江口水库水位低于防洪限制水位 1 m，且入库流量已经转退时，停止预泄。

2）分级补偿调节方式

根据丹江口水库预报入库流量或皇庄站预报总入流对应的允许泄量，通过分级补偿调节，确定水库下泄流量。当丹江口水库预报入库流量或皇庄站预报总入流满足判别条件时，丹江口水库即按相应皇庄站允许泄量补偿调节并控制下泄，且控制调洪最高水位不超过相应调洪最高水位。

当丹江口水库预报入库流量大于 1935 年夏汛期同级别大洪水（秋汛期 100 年一遇洪水）或夏汛期皇庄站预报总入流大于 74 000 m^3/s（秋汛期 49 600 m^3/s）时，停止分级补偿调节，转为保证丹江口水库自身防洪安全的防洪调度方式。

在对汉江中下游地区进行防洪分级补偿调节中，当丹皇区间预报来水超过皇庄站夏、秋汛期相应分级允许泄量，且由此计算的水库补偿下泄流量为负值时，丹江口水库下泄流量按皇庄站预报流量、丹江口水库入库洪水和库水位、汉江中下游地区防洪形势综合确定。当丹江口水库水位超过 171.70 m 时，水库停止分级补偿调节，转为保证丹江口水库自身防洪安全的防洪调度方式。

当汉口水位较高时，根据长江和汉江的汛情及水文气象预报，在保障丹江口水库及汉江中下游地区防洪安全的前提下，可适当分担长江干流的防洪压力，具体调度方案由防洪调度管理单位另行确定。

4.1.3　典型洪水

典型洪水的选择主要考虑在洪水量级、洪灾程度、发生时间及洪水组成等方面具有代表性的洪水。根据汉江流域洪水的特性，本章选取了汉江流域 1935 年、1964 年、1975 年、1983 年四个典型年洪水过程，各典型年洪水过程下丹江口水库入库和丹皇区间流量过程如图 4.2 所示，其中 1935 年和 1975 年典型洪水为夏汛期典型洪水，1964 年和 1983 年典型洪水为秋汛期典型洪水。

从图 4.2 可以看出，1975 年典型洪水下丹江口水库入库洪峰流量小于丹皇区间洪峰流量，其他典型洪水下丹江口水库入库洪峰流量大于丹皇区间洪峰流量。

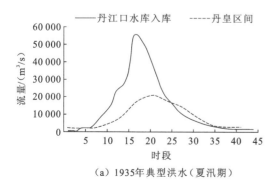

（a）1935年典型洪水（夏汛期）

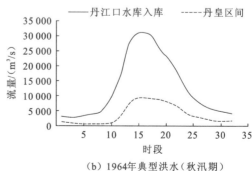

（b）1964年典型洪水（秋汛期）

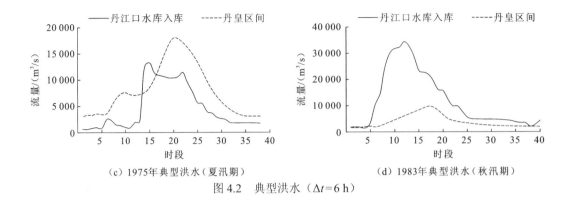

（c）1975年典型洪水（夏汛期）　（d）1983年典型洪水（秋汛期）

图 4.2　典型洪水（$\Delta t = 6$ h）

4.2　洪水过程随机模拟方法

选用丹江口水库 50 年（1969～2018 年）夏汛期（6 月 21 日～8 月 20 日）和秋汛期（9 月 1 日～10 月 10 日）日入库流量序列资料。经检验，在可信度为 0.5 的情况下，夏汛期和秋汛期均可接受独立性假设检验，换言之，可对夏汛期和秋汛期的丹江口水库入库洪水总量分别建立纯随机序列随机模拟模型。一般地，夏汛期和秋汛期丹江口水库入库洪水总量的分布规律以 P-III 型分布来表征，以夏汛期为例，丹江口水库入库洪水总量 $W \sim \text{P-III}(\overline{W}, C_v, C_s)$，即夏汛期丹江口水库入库洪水总量的随机模拟公式为

$$W = \overline{W}(1 + C_v \cdot R) \tag{4.1}$$

式中：W 为夏汛期洪水总量；$\overline{W}$ 为夏汛期洪水总量均值；C_v 为变差系数；R 为符合均值为 0、方差为 1、偏态系数为 C_s 的 P-III 型分布的随机数。

由样本资料按概率权重矩法初估参数 $\overline{W}$、C_v、C_s，并以优化适线法按离差平方和准则优化统计参数，夏汛期和秋汛期丹江口水库入库洪水总量频率计算成果如表 4.1 所示。

表 4.1　丹江口水库入库洪水总量频率计算成果表

时 期	参 数	设计值
夏汛期	均值/（亿 m³）	100.51
	变差系数 C_v	0.52
	偏态系数 C_s	1.10
秋汛期	均值/（亿 m³）	76.43
	变差系数 C_v	0.86
	偏态系数 C_s	1.63

注：洪水总量频率计算成果根据丹江口水库 1969～2018 年日入库流量实测资料计算得到。

4.2.1　纯随机序列随机模拟模型

假定纯随机序列 x 服从 P-III 型分布，即 $x \sim \text{P-III}(\bar{x}, C_v, C_s)$，常用 Wilson-Hifenty（W-H）变换法和舍选法两种方法进行纯随机序列的随机模拟。

1. W-H 变换法

W-H 变换法假设 x 是服从 P-III 型分布的纯随机序列，则

$$x = \bar{x} + \sigma R = \bar{x}(1 + C_v R) \tag{4.2}$$

式中：$\bar{x}$ 为均值；σ 为标准差；C_v 为变差系数；R 为符合标准 P-III 型分布的随机数，可利用式（4.3）求得。相关研究成果表明，当 $C_s < 0.5$ 时，采用 W-H 变换法具有较高的模拟精度。

$$R = \frac{2}{C_s}\left(1 + \frac{C_s \xi}{6} - \frac{C_s^2}{36}\right)^3 - \frac{2}{C_s} \tag{4.3}$$

式中：C_s 为偏态系数；$\xi \sim N(0,1)$。

2. 舍选法

假设 x 是服从 P-III 型分布的纯随机序列，则

$$x = a_0 - \frac{1}{\beta}\left(\sum_{k=1}^{\alpha'} \ln u_k + B \ln u_0\right) \tag{4.4}$$

$$\begin{cases} \alpha' = \text{INT}(\alpha), \qquad \alpha = \dfrac{4}{C_s^2}, \text{当}\alpha' < 1\text{时}, \ \alpha' = 0 \\[2mm] \beta = \dfrac{2}{\bar{x}C_v C_s} \\[2mm] a_0 = \bar{x}\left(1 - \dfrac{2C_v}{C_s}\right) \end{cases} \tag{4.5}$$

$$B = u_1^{1/r} / (u_1^{1/r} + u_2^{1/s}) \tag{4.6}$$

式中：u_k、u_0、u_1 和 u_2 为 [0,1] 区间上的均匀随机数；$r = \alpha - \alpha'$；$s = 1 - r$；$\text{INT}(\cdot)$ 为向下取整函数。计算 B 时，式（4.6）中的分母必须满足不大于 1 的条件，若不满足该条件，则舍去 u_1 和 u_2，重新取一对 u_1 和 u_2，直到满足该条件为止。因此，本方法称为舍选法。相关研究成果表明，当 $C_s \geq 0.5$ 时，采用舍选法具有较高的模拟精度。

4.2.2　相关解集模型

根据建立的洪水过程随机模拟模型可以模拟出大量的丹江口水库入库洪水总量序列 W，运用相关解集模型将模拟的时段洪水总量 W 在时间尺度上进行分解，进而模拟得到大量形态各异的丹江口水库入库洪水过程。

相关解集模型能同时保持不同聚集水平量的统计特性，聚集水平量是指不同时间单位的统计量，如年径流、月径流、日径流、时径流等，相关解集模型既能进行时间上的解集，又可以进行空间上的解集，模型适应性强、应用广泛。

以夏汛期为例，设将夏汛期 61 天（6 月 21 日~8 月 20 日）洪水总量分解成 61 个分量（Q_t，$t=1,2,\cdots,61$）。Valencia 和 Schaake[65]提出的相关解集模型的基本形式如式（4.7）所示。

$$y = Ax + B\varepsilon \tag{4.7}$$

式中：y 为 61×1 维零均值低聚集水平量矩阵（分量为日流量）；x 为 1×1 维零均值高聚集水平量矩阵，在本章中为夏汛期丹江口水库 61 天日入库流量之和；ε 为 61×1 维均值为 0、方差为 1、独立同分布的随机变量矩阵；A 为 61×1 维参数矩阵；B 为 61×61 维参数矩阵。A 和 B 分别由式（4.8）和式（4.9）确定。

$$A = S_{yx} S_{xx}^{-1} \tag{4.8}$$

$$BB^{\mathrm{T}} = S_{yy} - S_{yx} S_{xx}^{-1} S_{xy} \tag{4.9}$$

其中，

$$S_{xx} = E(xx^{\mathrm{T}}) \tag{4.10}$$

$$S_{yy} = E(yy^{\mathrm{T}}) \tag{4.11}$$

$$S_{yx} = E(yx^{\mathrm{T}}) \tag{4.12}$$

$$S_{xy} = E(xy^{\mathrm{T}}) \tag{4.13}$$

式中：S_{xx} 为高聚集水平量的协方差矩阵；S_{yy} 为低聚集水平量的协方差矩阵；S_{yx}、S_{xy} 为低聚集水平量与高聚集水平量的互协方差矩阵；$E(\cdot)$ 表示求期望；B^{T} 表示 B 的转置矩阵；S_{xx}^{-1} 表示 S_{xx} 的逆矩阵。

参数 A 由 S_{yx} 和 S_{xx}^{-1} 的估值直接计算；而参数 B 则需由 BB^{T} 的估值间接推求。为了考虑系列的偏态特性，将式（4.7）两边取立方、数学期望并考虑到 x 与 ε 相互独立，整理得

$$E[y^{(3)}] = E[(Ax)^{(3)}] + B^{(3)} E[\varepsilon^{(3)}] \tag{4.14}$$

其中，符号 $y^{(3)}$ 表示矩阵 y 的所有元素取立方。按定义，$\sigma_\varepsilon = 1$，$C_{s_\varepsilon} = E[\varepsilon^{(3)}]/\sigma_\varepsilon^{(3)} = E[\varepsilon^{(3)}]$，由式（4.14）得

$$C_{s_\varepsilon} = [B^{(3)}]^{-1} \{ E[y^{(3)}] - E[(Ax)^{(3)}] \} \tag{4.15}$$

式（4.15）中的 $B^{(3)}$ 必须是可逆矩阵。若 BB^{T} 是一对称非负定矩阵（一般水文资料能满足此条件），则 BB^{T} 可按式（4.16）进行分解。

$$BB^{\mathrm{T}} = P\lambda P^{\mathrm{T}} \tag{4.16}$$

式中：P 为正交矩阵；λ 为对角矩阵，即

$$\lambda = \mathrm{diag}(\lambda_1, \lambda_2, \cdots, \lambda_n) \tag{4.17}$$

对于 $i=1,2,\cdots,n$，$\lambda_i \geq 0$。令 B 为对称矩阵，由式（4.16）可得

$$B = P\lambda^{1/2} P^{\mathrm{T}} \tag{4.18}$$

这样由式（4.9）、式（4.16）、式（4.18）求得的矩阵 $\boldsymbol{B}$ 保证了 $\boldsymbol{B}^{(3)}$ 为可逆矩阵。矩阵 $\boldsymbol{A}$ 反映了总量与分量的平均统计关系；矩阵 $\boldsymbol{B}$ 反映了随机因素和各分量之间的综合关系对分配的影响；$\boldsymbol{C}_{s_\varepsilon}$ 为随机变量矩阵 $\boldsymbol{\varepsilon}$ 的偏态系数矩阵，综合反映各分量的偏态特性。这样即可由上述数学模型模拟出汛期日流量过程序列。

丹江口水库入库洪水过程随机模拟流程图如图 4.3 所示。图中，x_i、$y_{i,t}$ 分别为丹江口水库入库洪量和日流量样本，x_i'、$y_{i,t}'$ 分别为标准化后的丹江口水库入库洪量和日流量样本，$\overline{x'}$、$\overline{y_t'}$ 分别为丹江口水库入库洪量样本离均值、日流量样本离均值（$i=1,2,\cdots,n$，$n=50$ 为资料序列长度，$t=1,2,\cdots,61$），$\overline{\boldsymbol{y'}}$ 为 $\overline{y_t'}$ 组成的向量；$\boldsymbol{Q}_\mathrm{s}$ 为模拟的丹江口水库入库洪水过程，$Q_{\mathrm{s},t}$ 为其分量。

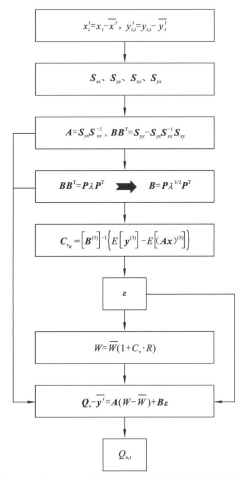

图 4.3　丹江口水库入库洪水过程随机模拟流程图

4.2.3　模型实用性检验

建立的丹江口水库入库洪水过程随机模拟模型是否满足要求，能否反映夏汛期和秋汛期丹江口水库入库流量的时序特性和随机变化规律,需要进行科学的检验。随机模拟序列与实测序列在统计特性上接近,则表明建立的洪水过程随机模拟模型能反映丹江口水库入库流量的统计特性。下面对建立的丹江口水库入库洪水过程随机模拟模型的实用性进行检验。

1)洪水总量统计参数检验

利用建立的丹江口水库入库洪水过程随机模拟模型进行 1 000 次随机模拟的洪水总量统计参数检验成果如表 4.2 所示。

表 4.2　洪水总量统计参数检验成果

项目	夏汛期			秋汛期		
	均值/(亿 m³)	C_v	C_s	均值/(亿 m³)	C_v	C_s
实测值	100.51	0.52	1.10	76.43	0.86	1.63
模拟值	100.64	0.52	1.09	76.24	0.87	1.67

从表 4.2 可以看出,随机模拟的夏汛期和秋汛期丹江口水库入库洪水总量的统计参数与实测入库洪水总量序列的统计参数基本一致,说明建立的洪水过程随机模拟模型基本能够反映丹江口水库入库洪水总量分布的统计特征。

2)日流量统计参数检验

日流量统计参数主要包括日流量均值、标准差、变差系数、偏态系数、最大值、最小值。计算夏汛期和秋汛期各统计参数在 2 个标准差检验标准下的通过率,如表 4.3 所示。

表 4.3　日流量统计参数检验成果

时期	通过率/%					
	均值	标准差	变差系数	偏态系数	最大值	最小值
夏汛期	100	100	100	93.44	100	96.72
秋汛期	100	100	100	95.00	100	100

由表 4.3 可见,夏汛期和秋汛期日流量各统计参数的通过率均较高,说明建立的洪水过程随机模拟模型能够较好地反映夏汛期和秋汛期丹江口水库入库洪水过程的统计特征。

3)时段洪水总量统计参数检验

时段洪水总量统计参数属于间接参数,是模型实用性分析的重要组成部分。检验的时段有 1 日、3 日、7 日、15 日和 30 日,检验参数有时段洪水总量均值、变差系数和偏态系数。夏汛期和秋汛期丹江口水库时段洪水总量统计参数实用性检验成果分别如表 4.4 和表 4.5 所示。

表 4.4 时段洪水总量统计参数检验成果（夏汛期）

时段洪水总量	统计参数								
	均值			变差系数			偏态系数		
	实测值	模拟值	标准差	实测值	模拟值	标准差	实测值	模拟值	标准差
1 日洪量	8.30	7.72	0.86	0.76	0.80	0.15	1.50	2.22	0.86
3 日洪量	17.73	17.01	1.69	0.68	0.71	0.13	1.24	2.03	0.85
7 日洪量	28.23	27.37	2.25	0.61	0.59	0.10	1.37	1.69	0.81
15 日洪量	44.27	43.54	3.08	0.58	0.51	0.08	1.48	1.32	0.73
30 日洪量	67.16	67.07	4.31	0.53	0.47	0.06	1.44	0.99	0.55

注：时段洪水总量均值的单位为亿 m^3。时段洪水总量统计参数实测值均根据丹江口水库 1969～2018 年日入库流量实测资料计算得到。

表 4.5 时段洪水总量统计参数检验成果（秋汛期）

时段洪水总量	统计参数								
	均值			变差系数			偏态系数		
	实测值	模拟值	标准差	实测值	模拟值	标准差	实测值	模拟值	标准差
1 日洪量	7.51	7.19	1.09	0.92	0.99	0.22	1.69	2.45	1.05
3 日洪量	17.93	17.21	2.44	0.93	0.92	0.19	1.86	2.26	1.03
7 日洪量	30.18	28.55	3.64	0.89	0.81	0.15	1.73	1.87	0.92
15 日洪量	46.58	44.40	5.20	0.84	0.75	0.10	1.64	1.51	0.69
30 日洪量	66.50	66.89	8.17	0.80	0.79	0.10	1.72	1.48	0.63

注：时段洪水总量均值的单位为亿 m^3。时段洪水总量统计参数实测值均根据丹江口水库 1969～2018 年日入库流量实测资料计算得到。

从表 4.4 和表 4.5 可以看出，夏汛期和秋汛期丹江口水库不同时段入库洪水总量的均值、变差系数、偏态系数均控制在一个标准差检验标准以内，这表明建立的洪水过程随机模拟模型很好地保持了时段洪水总量的统计规律。

以上各种检验表明，建立的洪水过程随机模拟模型能够保持丹江口水库入库洪水相关统计参数良好的统计特性，模拟的日流量过程符合实际水文特征。

4.2.4 洪水随机模拟结果

利用建立的洪水过程随机模拟模型分别模拟夏汛期和秋汛期丹江口水库 100 年一遇设计入库洪水过程，如图 4.4 所示。从图 4.4 可以看出，两次随机模拟的丹江口水库入库洪水的总量相同，但模拟的洪水过程的形态各异，可以更真实地反映洪水过程的多样性，有利于丹江口水库防洪调度风险分析。

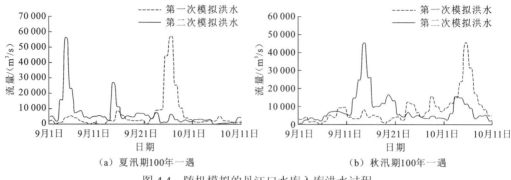

图 4.4　随机模拟的丹江口水库入库洪水过程

4.3　水库防洪调度风险因素分析

风险因素识别是对系统可能出现失事的影响因素及系统失事可能造成的后果加以识别。影响水库防洪调度的风险因素有很多，如洪水预报误差、洪水发生时间、洪水地区组成、初始起调水位、出库泄流误差、调度滞时、风浪壅高等，各风险因素对水库防洪调度的影响程度也不相同，分析所有不确定性影响因素的综合影响，得到绝对风险是不现实的，本章重点研究防洪调度过程中的主要风险因素。

影响丹江口水库防洪调度的不确定性因素是多方面的，既有客观因素，又有主观因素。通过深入分析丹江口水库防洪调度过程，确定洪水预报误差、洪水发生时间、洪水地区组成和初始起调水位等风险因素为本章研究的丹江口水库的主要防洪调度风险因素。

4.3.1　水库防洪调度风险因素辨识

1）洪水预报误差

入库洪水是丹江口水库防洪调度系统的主要输入数据，洪水预报误差是产生水库防洪调度风险的主要因素。洪水预报误差来源于测量设备和技术、信息传递、模型结构和参数及计算方法等多方面的误差，本章利用描述洪水预报精度的确定性系数来综合反映洪水预报的不确定性。

2）洪水发生时间

丹江口水库所处汉江流域气候较温和湿润，是南北气候分界的过渡地带，既受西风带天气系统的影响，又受副热带天气系统的影响，属于亚热带季风的湿润和半湿润气候。6月底～7月，副高外围的西南暖湿气流与北方冷空气在汉江流域相遇，可能造成汉江流域的大雨或暴雨天气；8月上中旬，副高北抬后，天气炎热少雨；8月底或9月，副高南退时，西南暖湿气流与北方冷空气再次交汇，加上汉江流域地形的影响，汉江上游便可能产生稳定而持久的阴雨天气，出现大暴雨，但汉江中下游以丘陵或平原为主，秋雨不如上游明显。丹江口水库年最大入库洪峰主要集中在6月中旬～8月中旬及9月上旬～

10 月上旬两个阶段，每年洪水发生时间的不确定性给丹江口水库的防洪调度带来了一定的风险。因此，分析丹江口水库年最大入库洪峰发生时间的分布规律及风险特征，对丹江口水库有效预泄、错峰滞洪，提高防洪调度能力，降低洪灾风险具有积极的指导意义。

3）洪水地区组成

丹江口水库采取防洪补偿调度方式，以提高下游区域的防洪能力，因此，丹皇区间洪水是防洪调度的重要组成。丹皇区间洪水的发生时间分布在整个汛期，与丹江口水库入库洪水的组合复杂，具有较强的随机性，水库上下游各区域洪水组合情况复杂，各区域不同量级洪水的组成具有不确定性，当丹江口水库入库洪水与丹皇区间洪水遭遇，特别是当丹皇区间发生局部性大洪水时，丹江口水库下游防护区的洪灾风险将增加，如 1975 年汉江流域就发生过这种类型的洪水。因此，各区域不同量级洪水遭遇的不确定性是丹江口水库防洪调度的主要风险因素之一。

此外，洪水形状的多样性也是影响丹江口水库防洪调度的重要因素，实际入库洪水过程和区间洪水过程的形态千变万化，这也会给丹江口水库的防洪调度带来一定的风险。

4）初始起调水位

防洪调度中初始起调水位的不确定性是丹江口水库防洪调度中一个重要的风险因素，具体表现在，当水库初始起调水位较高时，汛期可利用的防洪库容较小，若此时遭遇大洪水，水库本身及下游防护区的洪灾风险将加大。

4.3.2　洪水预报误差分布规律

1. 洪水预报误差的模拟

洪水预报误差根据洪水包含的要素可分为洪峰、洪量和洪水过程的预报误差，其分布规律目前主要有两类：一类是基于实测预报误差资料分析，洪水预报误差一般呈正态分布、对数正态分布和 P-III 型分布等；另一类是基于水情预报规范，常假定洪水预报误差服从正态分布。

洪水预报误差的客观存在，使得预报洪水过程 Q_t' 总是围绕着实测洪水过程 Q_t 随机波动，因此，可将实测洪水过程 Q_t 视为预报洪水过程 Q_t' 的均值线，波动幅度取决于洪水预报的精度，预报洪水过程 Q_t' 各时刻的相对预报误差可近似认为服从均值为 0、标准差为 σ 的正态分布，即预报洪水过程相对预报误差 $\varepsilon_t = (Q_t' - Q_t)/Q_t \sim N(0, \sigma^2)$。

根据《水文情报预报规范》（GB/T 22482—2008），确定性系数 DC 是评估预报洪水过程与实测洪水过程吻合程度的主要指标，计算公式为

$$\text{DC} = 1 - \frac{\sum_{t=1}^{T}(Q_t' - Q_t)^2}{\sum_{t=1}^{T}(Q_t - \bar{Q})^2} \tag{4.19}$$

式中：$\overline{Q}$ 为实测洪水过程 Q_t 的均值；T 为时段个数。确定性系数 DC 表征了洪水预报过程的离散程度，是洪水预报误差的综合反映。本章探讨由确定性系数来反推洪水预报误差的分布规律，具体推导过程如下。

已知洪水预报方案的确定性系数 DC，由式（4.19）可得

$$\sum_{t=1}^{T}(Q_t' - Q_t)^2 = (1-DC)\sum_{t=1}^{T}(Q_t - \overline{Q})^2 \tag{4.20}$$

又根据预报洪水过程相对预报误差 $\varepsilon_t = \dfrac{Q_t' - Q_t}{Q_t}$，式（4.20）可整理为

$$\sum_{t=1}^{T}\varepsilon_t^2 Q_t^2 = (1-DC)\sum_{t=1}^{T}(Q_t - \overline{Q})^2 \tag{4.21}$$

对式（4.21）两边同时取期望，可以得到：

$$\sum_{t=1}^{T}Q_t^2 E(\varepsilon_t^2) = E(1-DC)\sum_{t=1}^{T}(Q_t - \overline{Q})^2 \tag{4.22}$$

又因为 $\varepsilon_t \sim N(0,\sigma^2)$，有

$$E(\varepsilon_t^2) = D(\varepsilon_t) + [E(\varepsilon_t)]^2 = \sigma^2 \tag{4.23}$$

代入式（4.22），于是有

$$\sigma^2 \sum_{t=1}^{T}Q_t^2 = (1-DC)\sum_{t=1}^{T}(Q_t - \overline{Q})^2 \tag{4.24}$$

由此，可以求得预报洪水过程相对预报误差的标准差计算公式，为

$$\sigma = \sqrt{(1-DC)\sum_{t=1}^{T}(Q_t - \overline{Q})^2 \Big/ \sum_{t=1}^{T}Q_t^2} \tag{4.25}$$

由于预报洪水过程的相对预报误差 $\varepsilon_t \sim N(0,\sigma^2)$，则预报洪水过程 Q_t' 在任一时刻也近似服从均值 $\mu_Q(t)$ 为实测洪水过程线 Q_t、标准差为 $\sigma_Q(t) = \sigma\mu_Q(t)$ 的正态分布，即预报洪水过程 $Q_t' \sim N(\mu_Q(t), \sigma_Q^2(t))$。

根据式（4.25），在已知入库洪水过程 Q_t 的前提下，洪水预报误差的分布规律与预报方案的确定性系数 DC 密切相关，这样就可以通过反映洪水预报方案评定标准的确定性系数来描述洪水预报误差的分布规律。

2. 水库调洪演算的随机微分方程

随洪水进入丹江口水库，通过丹江口水库的拦蓄作用，将洪水预报误差的不确定性转化为水库蓄泄过程的不确定性，即水库库容变化过程的不确定性。本章利用水库调洪演算的随机微分方程来反映洪水预报误差对水库防洪调度产生的不确定性影响。传统水库调洪演算的计算原理基于水量平衡的常微分方程：

$$\begin{cases} dV(t) = [\mu_Q(t) - \mu_q(V,t)]dt \\ V(t_0) = V_0 \end{cases} \tag{4.26}$$

式中：$V(t)$ 为 t 时刻水库蓄水量；$\mu_Q(t)$、$\mu_q(V,t)$ 分别为 dt 时段内的平均入库和出库流

量；t_0 为水库起调时刻；V_0 为水库起调时刻的蓄水量。

由水库防洪调度规则和式（4.26）就可以确定水库各个时刻的出库流量和蓄水量，而实际上，在调洪过程中水库蓄水量 $V(t)$ 受多种随机因素的影响，导致 $V(t)$ 是一个平稳独立增量过程，并且是符合维纳（Wiener）过程定义的随机过程。根据维纳过程的定义，任意两个不同的时间间隔 Δt 内，$V(t)$ 的增量 $\Delta V(t)$ 是独立的，即 $V(t)$ 遵循马尔可夫（Markov）过程；并且 $\Delta V(t)$ 服从均值为 $[\mu_Q(t) - \mu_q(V,t)]\Delta t$、方差为 $\sigma_V^2(t)\Delta t$ 的正态分布，其中 $\sigma_V^2(t)$ 称为 t 时刻的方差率。由此，可以得到水库调洪演算的随机微分方程：

$$\begin{cases} dV(t) = [\mu_Q(t) - \mu_q(V,t)]dt + \sigma_V(t)dB(t) \\ V(t_0) = V_0 \end{cases} \tag{4.27}$$

式中：$B(t)$ 为标准维纳过程。

从形式上看，式（4.27）比普通的常微分方程增加了一个随机项 $\sigma_V(t)dB(t)$，使得 $V(t)$ 成为一个随机过程，从而将随机过程引入水库调洪演算过程分析。这里仅考虑入库洪水的预报误差，其大小与入库洪水过程的方差 $\sigma_Q^2(t)$ 有关，对式（4.27）第一个公式两边同时取方差，得 $\sigma_V^2(t)dt = \sigma_Q^2(t)(dt)^2$，从而可以得到：

$$\sigma_V(t) = \sigma_Q(t)\sqrt{dt} \tag{4.28}$$

因此，式（4.28）属于典型的 Ito 型随机微分方程，可以采用欧拉（Euler）法和米尔斯坦（Milstein）法进行数值求解，欧拉法的迭代公式为

$$V(j,k) = V(j-1,k) + [Q(j-1) - q(j-1)](t_j - t_{j-1}) + \sigma_V(j-1)[B(j) - B(j-1)] \tag{4.29}$$

其中，$j = 1, 2, \cdots, M$ 和 $k = 1, 2, \cdots, K$ 分别代表时间节点和轨道，M 是时间节点的个数，K 是轨道的个数，$V(j,k)$ 为水库在时间 j、轨道 k 时的蓄水量，$Q(j-1)$ 为水库在时间 $j-1$ 的入库流量，$q(j-1)$ 为水库在时间 $j-1$ 的出库流量，t_j 为时间 j 对应的时刻，$\sigma_V(j-1)$ 为水库在时间 $j-1$ 蓄水量的标准差，$B(j)$ 为标准维纳过程在时间 j 的取值。

如上所述，采用水库调洪演算的随机微分方程，将洪水预报误差的不确定性转化为水库库容变化过程的不确定性，结合丹江口水库的防洪调度规则，可进一步分析洪水预报误差给丹江口水库防洪调度带来的风险。

3. 考虑洪水预报误差的水库防洪调度模拟步骤

步骤 1：拟定洪水预报方案确定性系数的大小。

根据《水文情报预报规范》（GB/T 22482—2008）的规定，只有预报精度达到甲等和乙等，才可用于发布正式预报，因此，本章仅考虑甲等和乙等两种预报方案，其中，甲等预报精度对应的确定性系数为 0.90~1.00，乙等预报精度对应的确定性系数为 0.70~0.90。

步骤 2：按式（4.25）计算各确定性系数下洪水预报误差的标准差 σ，进而获得入库洪水过程预报值的标准差 $\sigma_Q(t) = \sigma\mu_Q(t)$。

步骤 3：按式（4.28）计算水库调洪演算随机微分方程的方差率 $\sigma_V^2(t)$，然后采用欧拉法的迭代公式求随机微分方程的数值解，得到水库水位过程和出库流量过程。

步骤 4：根据步骤 3 计算得出的丹江口水库出库流量过程，再考虑区间洪水汇流，计算下游防洪控制站组合流量过程。

4. 丹江口水库入库洪水预报误差模拟结果

对丹江口水库入库洪水过程 2003～2018 年的预报结果统计发现，共 44 场入库洪水中，预报洪水确定性系数在 0.90 以上的占 54.55%，预报洪水确定性系数在 0.70～0.90 的占 27.27%，预报洪水确定性系数在 0.70 以下的占 18.18%。因此，本章选定 0.90、0.80 和 0.70 三个确定性系数，研究不同洪水预报误差（不同确定性系数）情况下预报洪水流量过程与实测洪水流量过程的差异程度。

以丹江口水库 1983 年典型入库洪水为例，在确定性系数 DC=0.90、0.80 和 0.70 的情况下分别进行 1 000 次预报洪水流量过程模拟计算，得到的预报洪水流量过程统计结果如图 4.5 所示，图中蓝色实线和红色实线分别为 1 000 次模拟的预报洪水流量过程的最小值和最大值，绿色"▲"为 1 000 次模拟的预报洪水流量过程的中位数，黑色实线为 1983 年实测洪水流量过程。

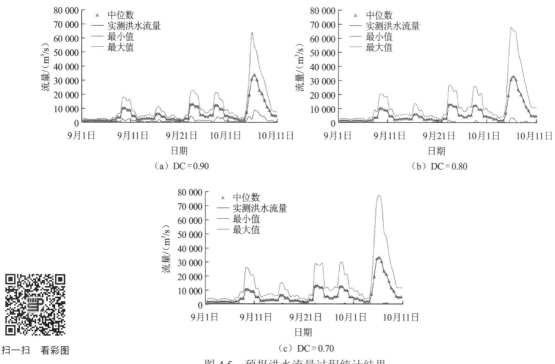

扫一扫　看彩图

图 4.5　预报洪水流量过程统计结果

从图 4.5 中可以看出，不同洪水预报误差（不同确定性系数）下，实测洪水流量过程均在 1 000 次预报洪水流量过程的最小值和最大值之间，且实测洪水流量过程与 1 000 次预报洪水流量过程的中位数完全吻合，这说明不同洪水预报误差下 1 000 次预报洪水流量过程均围绕着实测洪水流量过程在图中蓝色实线和红色实线之间随机波动，且随着洪水预报误差的增大（确定性系数的减小），波动的幅度逐渐增大。

　　针对在确定性系数 DC＝0.90、0.80、0.70 下进行的 1 000 次预报洪水过程模拟结果，统计分析不同洪水预报误差对丹江口水库入库洪水洪峰流量、峰现时间和时段洪量等洪水特征值的影响情况，如表 4.6 所示。

表 4.6　洪水预报误差对入库洪水特征值的影响分析（1983 年）

统计量	实测洪水	不同确定性系数下入库洪水特征值		
		DC＝0.90	DC＝0.80	DC＝0.70
洪峰流量大小/（m³/s）	33 450	38 495	40 628	43 151
洪峰流量相对误差/%	—	15.08	21.46	29.00
峰现时间	10 月 6 日	10 月 6 日	10 月 6 日	10 月 6 日
7 日洪量大小/（亿 m³）	95.54	95.58	95.44	96.35
7 日洪量相对误差/%	—	0.04	-0.10	0.85

注：不同确定性系数下丹江口水库入库洪水洪峰流量、峰现时间和时段洪量均为 1 000 次模拟结果下的平均值。

　　从表 4.6 可以看出，由于洪水预报误差的客观存在，预报的入库洪水洪峰流量和 7 日洪量均出现不同程度的偏差，且随着洪水预报误差的增大（确定性系数的减小），入库洪水洪峰流量和 7 日洪量相对误差的绝对值均逐渐增大，而不同洪水预报误差下入库洪水的峰现时间均较准确。不同洪水预报误差（确定性系数 DC＝0.90、0.80、0.70）下 1 000 次模拟的预报洪水中某一场预报洪水的流量过程如图 4.6 所示。

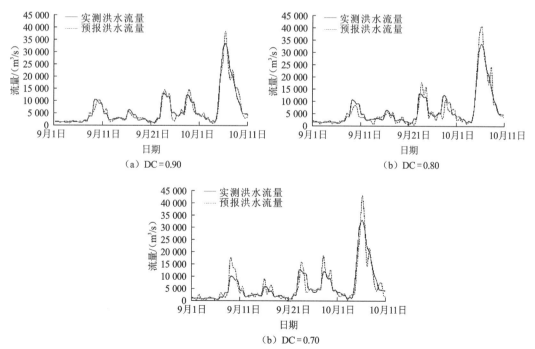

图 4.6　不同确定性系数下模拟的预报洪水流量过程

从图 4.6 可以看出，不同洪水预报误差情况下模拟的预报洪水流量过程与 1983 年实测洪水流量过程基本吻合，且洪水预报误差越小（确定性系数越大），模拟的预报洪水流量过程与 1983 年实测洪水流量过程的吻合程度越高，这表明本章采用的洪水预报误差模拟方法能较好地将洪水预报误差反映到模拟的预报洪水流量过程中。

4.4　多变量水文分析方法

4.4.1　多变量水文分析计算

水文事件一般具有多方面的特征属性，如洪水事件包括洪水发生时间、洪峰、洪量和洪水过程线等，需要采用多变量对其进行多维度的分析。现行的频率分析计算一般只进行单变量的频率分析，无法全面反映水文事件的真实特征。相比之下，多变量水文分析比单变量水文分析能更好地描述水文事件的内在规律，能方便地分析水文事件各个特征属性之间的相互关系。

为了解决上述问题，本章将 Copula 函数理论与方法应用于多变量水文分析计算领域，通过边缘分布和相关性分析两个方面来构造多维联合分布，以分析研究本章涉及的洪水发生时间、洪水地区组成等多变量分布特征。Copula 函数法的优势如下：①Copula 函数法不要求需要分析的随机变量具有相同的边缘分布或是特定的边缘分布，符合任意边缘分布的变量经过 Copula 函数连接均可构造相应的联合分布，由于变量的所有信息都包含在边缘分布中，所以在转换过程中信息不会失真。②Copula 函数在构造联合分布的过程中将联合分布问题分为变量间的相关性结构和变量的边缘分布两个独立的模块进行处理，形式灵活、构造简单。

1）Copula 函数的数学定义

Copula 函数是在定义域[0,1]均匀分布的多维联合分布函数，根据斯克拉（Sklar）定理，它可以将多个随机变量的边缘分布连接起来，构造联合分布，对于二维随机变量来说，其表达形式如式（4.30）所示。

$$F(x,y) = C_\theta[F_X(x), F_Y(y)] = C_\theta(u,v) \tag{4.30}$$

式中：$C(u,v)$ 为优选后的 Copula 函数；θ 为优选 Copula 函数的参数；$u = F_X(x)$ 和 $v = F_Y(y)$ 分别为随机变量 X 和 Y 的边缘分布；$F(x,y)$ 为随机变量 X 和 Y 的联合分布，其联合概率密度函数为

$$f(x,y) = c(u,v)f_X(x)f_Y(y) \tag{4.31}$$

其中：$c(u,v) = \partial^2 C(u,v) / \partial u \partial v$，为优选 Copula 函数的概率密度函数；$f_X(x)$ 和 $f_Y(y)$ 分别为随机变量 X 和 Y 的概率密度函数。

2）Copula 函数的优选

Copula 函数有多种类型，不同的 Copula 函数形式对研究问题具有适用性，这在一

定程度上会影响模型计算的精确性，因此，需要对 Copula 函数进行优选。水文领域最为常用的 Copula 函数是阿基米德 Copula 函数簇，其常见类型有 AMH、Clayton、Frank 和 Gumbel，边缘分布概率分别为 u 和 v 的二维阿基米德 Copula 函数的生成元、函数表达式和参数范围如表 4.7 所示。

表 4.7　二维阿基米德 Copula 函数

函数名称	函数特征		
	生成元 $\varphi(t)$	函数表达式	参数 θ 范围
AMH	$\ln\dfrac{1-\theta(1-t)}{t}$	$C(u,v)=\dfrac{uv}{1-\theta(1-u)(1-v)}$	$[-1,1)$
Clayton	$t^{-\theta}-1$	$C(u,v)=(u^{-\theta}+v^{-\theta}-1)^{-1/\theta}$	$[-1,\infty)\setminus\{0\}$
Frank	$-\ln\dfrac{\mathrm{e}^{-\theta t}-1}{\mathrm{e}^{-\theta}-1}$	$C(u,v)=-\dfrac{1}{\theta}\left[1+\dfrac{(\mathrm{e}^{-\theta u}-1)(\mathrm{e}^{-\theta v}-1)}{\mathrm{e}^{-\theta}-1}\right]$	$\mathbf{R}\setminus\{0\}$
Gumbel	$(-\ln t)^{\theta}$	$C(u,v)=\mathrm{e}^{-[(-\ln u)^{\theta}+(-\ln v)^{\theta}]^{1/\theta}}$	$[1,\infty)$

本章采用一种基于经验分布函数的检验方法，即分位图对分位图法，对 Copula 函数的形式进行优选。假设 (U,V) 为二维随机变量，生成元 $\varphi(t)$ 的阿基米德 Copula 函数是 $C(u,v)$，令随机变量 $S'=C(U,V)$，则 S' 的分布函数，即 Copula 函数的分布函数为

$$K(t)=P\{C(u,v)\leqslant t\}=t-\varphi(t)/\varphi'(t) \tag{4.32}$$

若用二维经验分布函数 $F_n(x,y)$ 来代替式（4.32）中的 $C(u,v)$，则可根据随机抽样的样本数据给出 $K(t)$ 的非参数估计量 $K'(t)$。

$$K'(t)=\frac{1}{N}\sum_{i=1}^{N}\mathrm{sign}[F_n(x_i,y_i)\leqslant t] \tag{4.33}$$

其中，$\mathrm{sign}[F_n(x_i,y_i)\leqslant t]$ 表示二维经验分布点据 $F_n(x_i,y_i)$ 中不大于 t 的个数，N 为点据的个数。

因此，可以用 $K'(t)$ 来判断阿基米德 Copula 函数的优劣，$K'(t)$ 与 $K(t)$ 曲线越接近，表示该阿基米德 Copula 函数与样本数据的拟合效果越好，其各自生成的分位数点对 $(K'(t),K(t))$ 在同一坐标系下的分位图对分位图应该是一条直线。为定量描述 $K'(t)$ 与 $K(t)$ 曲线的接近程度，用 $K'(t)$ 和 $K(t)$ 差的绝对值之和来定义统计量 D，即

$$D=\sum\left|K(t)-K'(t)\right| \tag{4.34}$$

D 最小时对应的 Copula 函数为描述二维随机变量 U 和 V 分布的最优 Copula 函数。

4.4.2　洪水发生时间分布规律

受地理、气候、暴雨发生时间等因素的综合影响，洪水发生时间具有不确定性，分析不同量级洪水发生时间的统计特征，可以为丹江口水库防洪调度提供有益的参考。丹江口水库年最大入库洪峰主要集中在 6 月下旬～8 月中旬及 9 月上旬～10 月上旬两个阶段，呈现明显的双峰特征，即夏汛期和秋汛期。由于丹江口水库夏汛期和秋汛期的防洪

调度规程不同，因此，本章考虑进行夏汛期最大入库洪峰流量及其发生时间的联合分布特征、秋汛期最大入库洪峰流量及其发生时间的联合分布特征两方面的研究。

本章采用 von Mises 分布拟合最大入库洪峰流量发生时间的概率分布，采用 P-III 型分布拟合最大入库洪峰流量的概率分布，基于 Copula 函数构建夏汛期和秋汛期洪峰流量与其发生时间的联合分布，获得夏汛期和秋汛期洪峰流量与其发生时间的联合分布特征。由于 P-III 型分布是水文领域最常用的分布，在此不再赘述，下面仅介绍 von Mises 分布及其参数估计方法。

1. von Mises 分布

洪水发生时间可以看作周期性变化的随机矢量，von Mises 分布是描述周期性或季节性变量的常用分布。

1）方向数据与 von Mises 分布概述

表示角度或方向随机试验结果的数据称为方向数据，其定义域为 $(0°, 360°]$。由于 $0°\sim360°$ 的角对应于单位圆 $x^2 + y^2 = 1$ 圆周上的点 $(\sin\alpha_a, \cos\alpha_a)$，因而方向数据在圆周上的分布实质上是角度 α_a 的分布，方向数据也可称为圆上的随机变量。有些表现形式不是角度或方向的数据也可以通过适当的变换转化为方向数据。在这些数据中，最常见的是具有周期性变化的时间数据。von Mises 分布是一种描述周期性变量的常用分布，与一元正态分布相对应，von Mises 分布常被称作圆周上的正态分布，其密度函数如式（4.35）所示。

$$f(\alpha_a) = \frac{1}{2\pi I_0(k)}\exp[k\cos(\alpha_a - \mu_0)], \quad 0 < \alpha_a \leqslant 2\pi, \ 0° \leqslant \mu_0 \leqslant 360°, \ k > 0 \quad (4.35)$$

式中：$I_0(k)$ 为第一类 0 阶变型 Bessel 函数，其具体数值可查表得到；μ_0 和 k 分别为位置参数和尺度参数。

von Mises 分布示意图如图 4.7 所示，其分布呈单峰状，分布的中心位置由参数 μ_0 确定，即密度函数关于 $\alpha_a = \mu_0$ 对称；分布集中到中心位置的程度由参数 k 确定，因此，式（4.35）中的 μ_0 可称为位置参数，k 可称为尺度参数。

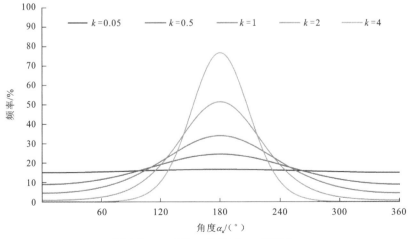

图 4.7　von Mises 分布（$\mu_0 = 180°$）

2）时间数据与方向数据的转换

在研究具有周期性变化的时间随机变量时，一种常用的方法就是通过数学转换将时间随机变量转换为其相应的角度，然后采用 von Mises 分布对其规律进行研究。假设时间随机变量的周期为 L 天，则第 i 天对应的角度 α_{ai} 为

$$\alpha_{ai} = \frac{360i}{L} \tag{4.36}$$

3）von Mises 分布的参数估计

设方向数据 α_{ai} ($i = 1, 2, \cdots, L$)对应的单位圆周上的点为 P_i，单位圆圆心为 O，定义向量 $\overrightarrow{OP_1}, \overrightarrow{OP_2}, \cdots, \overrightarrow{OP_L}$ 的合向量 $\overrightarrow{OP}$ 的方向为 α_{a0}，则 α_{a0} 称为方向数据 α_{ai} 的平均方向。记

$$C = \frac{1}{L}\sum_{i=1}^{L}\cos\alpha_{ai}, \quad S = \frac{1}{L}\sum_{i=1}^{L}\sin\alpha_{ai}, \quad R = \sqrt{C^2 + S^2}$$

称 R 是合向量 $\overrightarrow{OP}$ 的长度，$\alpha_{a0} = \arctan(S/C)$。对于分组数据，即每个方向数据 α_{ai} 发生的频次不再是 1，而是 f_i，则

$$\overline{C} = \frac{1}{L}\sum_{i=1}^{L}f_i\cos\alpha_{ai}, \quad \overline{S} = \frac{1}{L}\sum_{i=1}^{L}f_i\sin\alpha_{ai}, \quad \overline{R} = \sqrt{\overline{C}^2 + \overline{S}^2}, \quad \alpha_{a0} = \arctan(\overline{S}/\overline{C})$$

如此便可对位置参数 μ_0 进行参数估计（$\mu_0 = \alpha_{a0}$），用极大似然估计可得 $\overline{R} = A(k)$，通过反查 $\overline{R} = A(k)$ 表即可得 $k = A^{-1}(\overline{R})$，其中函数 $A(k)$ 是与第一类 1 阶变型 Bessel 函数相关的函数，公式为

$$A(k) = I_1(k) / I_0(k) \tag{4.37}$$

其中，$I_1(k)$ 为第一类 1 阶变型 Bessel 函数。

2. 洪水发生时间分析方法

要建立洪峰流量及其发生时间的联合分布，需要完成以下几个步骤。

（1）对洪峰流量进行频率计算，确定 P-III 型分布的三个参数；

（2）对洪峰发生时间的方向数据进行处理，确定 von Mises 分布的参数，并对曲线拟合情况进行验证；

（3）根据洪峰量级与其发生时间的相关性分析，依据分位图对分位图法，选择最为合适的 Copula 函数作为两变量的联合分布函数；

（4）根据斯克拉定理，确定洪峰流量及其发生时间的联合分布，计算不同洪水量级条件下，洪水在某段时间发生概率的大小，并依此绘制联合分布的三维图和等值线图。

丹江口水库日入库径流资料序列的长度为 50 年（1969～2018 年），夏汛期的最大入库洪峰流量为 6 月 21 日～8 月 20 日（总天数 61 天）最大日流量，秋汛期的最大入库洪峰流量为 9 月 1 日～10 月 10 日（总天数 40 天）最大日流量。通过日流量资料进行夏汛期和秋汛期最大入库洪峰流量及其发生时间的取样，可以得到丹江口水库夏汛期和秋汛期最大入库洪峰流量 X 及其发生时间 Y 的序列，最大入库洪峰流量 X 采用 P-III 型分布，夏汛期和秋汛期的最大入库洪峰流量发生时间 Y 均采用 von Mises 分布，分别采用 4 种阿基米德 Copula 函数（AMH、Clayton、Frank 和 Gumbel）拟合最大入库洪峰流量与其

发生时间的联合概率的 D 统计量,选择 D 统计量最小的阿基米德 Copula 函数作为 Copula 函数,构造最大入库洪峰流量与其发生时间的联合分布函数。

4.4.3 丹江口水库入库洪峰流量及其发生时间

1. 夏汛期

夏汛期丹江口水库最大入库洪峰流量采用 P-III 型分布,最大入库洪峰流量发生时间采用 von Mises 分布,计算得到的最大入库洪峰流量与其发生时间的边缘分布参数如表 4.8 所示,最大入库洪峰流量频率计算结果如图 4.8 所示,最大入库洪峰流量发生时间频率计算结果如图 4.9 所示。

表 4.8　最大入库洪峰流量与其发生时间的边缘分布参数(夏汛期)

参数	P-III 型分布			von Mises 分布	
	α	β	a_0	k	$\mu_0/(°)$
值	1.731 3	0.000 166	−880.83	0.607 7	136.090 8

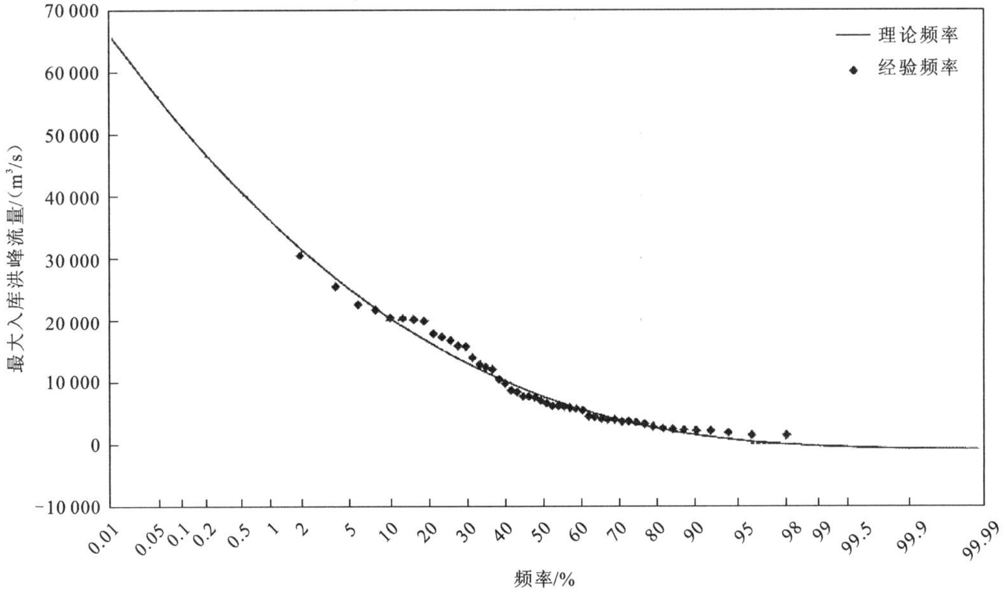

图 4.8　最大入库洪峰流量 P-III 型分布频率计算结果(夏汛期)

从图 4.8 中可以看出,采用 P-III 型分布拟合夏汛期丹江口水库最大入库洪峰流量分布规律得到的经验频率点均匀地分布在理论频率曲线的两边,说明理论频率与经验频率的拟合效果较好,这表明夏汛期丹江口水库最大入库洪峰流量服从 P-III 型分布。

从图 4.9 可以看出,采用 von Mises 分布拟合夏汛期丹江口水库最大入库洪峰流量发生时间得到的理论累计频率曲线与实测统计频率曲线基本一致,特别是最大入库洪峰流量发生在 7 月中旬之前的频率与实测统计频率几乎一致。这表明夏汛期丹江口水库最大入库洪峰流量发生时间服从 von Mises 分布。

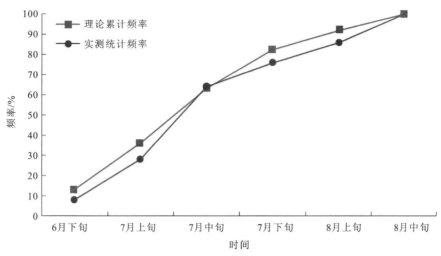

图 4.9　最大入库洪峰流量发生时间 von Mises 分布频率计算结果（夏汛期）

依据分位图对分位图法对 4 种阿基米德 Copula 函数进行优选计算的参数 θ 和 D 统计量如表 4.9 所示。

表 4.9　4 种阿基米德 Copula 函数的参数 θ 和 D 统计量（夏汛期）

项目	Copula 函数类型			
	AMH	Clayton	Frank	Gumbel
参数 θ	0.237 8	0.119 4	—	1.059 7
D 统计量	3.882 5	3.739 9	—	4.085 4

注：得到的 Frank 函数的参数不在允许范围内，Frank 函数对此问题不可行。

从表 4.9 中可以看出，Clayton 函数的 D 统计量最小，将 Clayton 函数作为 Copula 函数，得到的夏汛期丹江口水库最大入库洪峰流量与其发生时间联合分布的拟合图如图 4.10 所示。

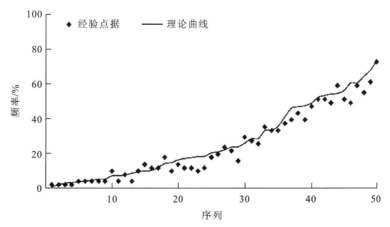

图 4.10　最大入库洪峰流量与其发生时间联合分布的拟合图（夏汛期）

从图 4.10 中可以看出，得到的最大入库洪峰流量与其发生时间联合分布的理论曲线与经验点据拟合效果较好，表明将 Clayton 函数作为 Copula 函数能很好地拟合夏汛期丹江口水库最大入库洪峰流量与其发生时间的联合分布规律。

将 Clayton 函数作为 Copula 函数得到的夏汛期丹江口水库最大入库洪峰流量与其发生时间联合分布的三维图和等值线图分别如图 4.11 和图 4.12 所示。

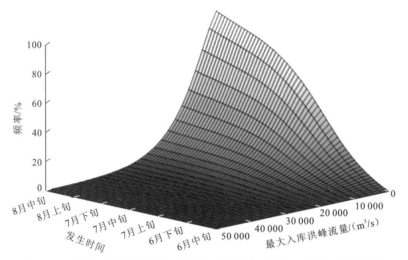

图 4.11　最大入库洪峰流量与其发生时间联合分布的三维图（夏汛期）

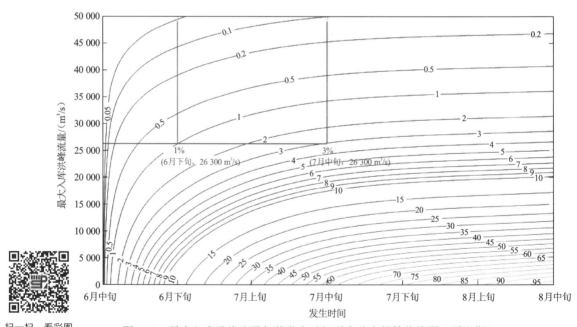

扫一扫　看彩图

图 4.12　最大入库洪峰流量与其发生时间联合分布的等值线图（夏汛期）

从图 4.12 中可以方便地查询夏汛期丹江口水库最大入库洪峰流量与发生时间的联合分布概率，如图 4.12 中红色辅助线所示，6 月下旬之前丹江口水库最大入库洪峰流量大于 26 300 m³/s 的概率约为 1%，而 7 月中旬之前丹江口水库最大入库洪峰流量大于 26 300 m³/s 的概率约为 3%。

以丹江口水库 100 年一遇设计入库洪水为例，最大入库洪峰流量发生时间概率分布如表 4.10 所示。

表 4.10　最大入库洪峰流量发生时间概率分布表（夏汛期，100 年一遇）

时间		概率/%
6 月	下旬	28.84
7 月	上旬	25.07
	中旬	21.53
	下旬	13.35
8 月	上旬	6.17
	中旬	5.04
合计		100.00

从表 4.10 中可以看出，夏汛期丹江口水库出现 100 年一遇入库洪水时，最大入库洪峰流量发生在 6 月下旬、7 月上旬和中旬的可能性较大，发生在 8 月上旬和中旬的可能性较小。对夏汛期其他量级的洪水也可以按照上述方法进行分析，进而获得不同量级入库洪峰流量与其发生时间的联合分布，掌握夏汛期丹江口水库入库洪峰流量发生时间的分布规律。

2. 秋汛期

与夏汛期类似，秋汛期丹江口水库最大入库洪峰流量与其发生时间的边缘分布参数如表 4.11 所示。最大入库洪峰流量频率计算结果如图 4.13 所示，最大入库洪峰流量发生时间频率计算结果如图 4.14 所示。

表 4.11　最大入库洪峰流量与其发生时间的边缘分布参数（秋汛期）

参数	P-III 型分布			von Mises 分布	
	α	β	a_0	k	$\mu_0/(°)$
值	1.400 5	0.000 136	−1 593.48	0.060 3	85.694 8

从图 4.13 和图 4.14 中可以看出，采用 P-III 型分布和 von Mises 分布进行频率分析计算，能较为准确地得到秋汛期丹江口水库最大入库洪峰流量与其发生时间的分布规律。

依据分位图对分位图法对 4 种阿基米德 Copula 函数进行优选计算的参数 θ 和 D 统计量如表 4.12 所示。

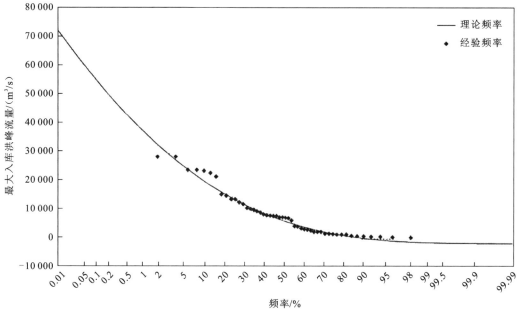

图 4.13　最大入库洪峰流量 P-III 型分布频率计算结果（秋汛期）

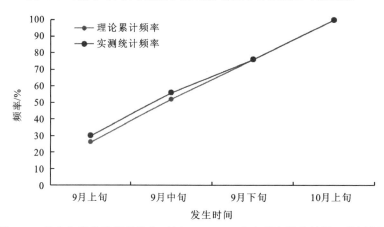

图 4.14　最大入库洪峰流量发生时间 von Mises 分布频率计算结果（秋汛期）

表 4.12　4 种阿基米德 Copula 函数的参数 θ 和 D 统计量值（秋汛期）

项目	Copula 函数类型			
	AMH	Clayton	Frank	Gumbel
参数 θ	−0.086 3	−0.036 9	—	0.981 6
D 统计量	3.542 5	3.554 1	—	3.567 0

注：得到的 Frank 函数的参数不在允许范围内，Frank 函数对此问题不可行。

从表 4.12 中可以看出，AMH 函数的 D 统计量最小，将 AMH 函数作为 Copula 函数，得到的秋汛期丹江口水库最大入库洪峰流量与其发生时间联合分布的拟合图如图 4.15 所示。

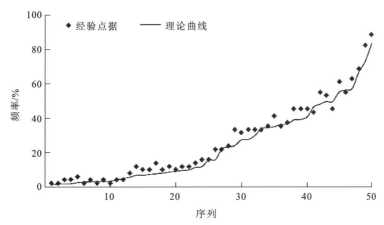

图 4.15　最大入库洪峰流量与其发生时间联合分布的拟合图（秋汛期）

从图 4.15 中可以看出，丹江口水库最大入库洪峰流量与其发生时间联合分布的理论曲线与经验点据拟合效果较好，表明将 AMH 函数作为 Copula 函数，能很好地拟合秋汛期丹江口水库最大入库洪峰流量与其发生时间的联合分布规律。

将 AMH 函数作为 Copula 函数得到的秋汛期丹江口水库最大入库洪峰流量与其发生时间联合分布的三维图和等值线图分别如图 4.16 和图 4.17 所示。

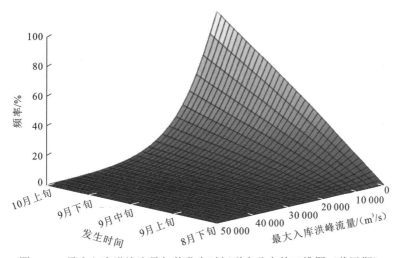

图 4.16　最大入库洪峰流量与其发生时间联合分布的三维图（秋汛期）

通过图 4.17 可以查询秋汛期丹江口水库最大入库洪峰流量与其发生时间的联合分布概率，如图 4.17 中红色辅助线所示，9 月上旬之前丹江口水库最大入库洪峰流量大于 33 000 m³/s 的概率约为 0.5%，而 9 月中旬之前丹江口水库最大入库洪峰流量大于 33 000 m³/s 的概率约为 1%。

以丹江口水库 100 年一遇入库洪水为例，最大入库洪峰流量发生时间概率分布如表 4.13 所示。

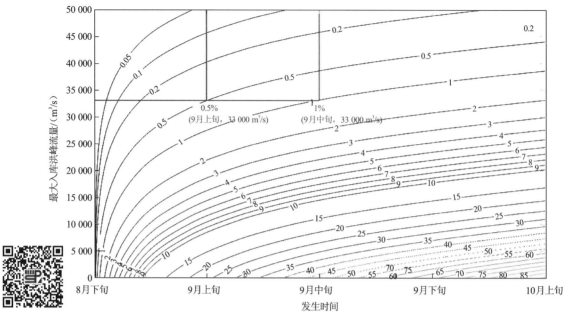

图 4.17　最大入库洪峰流量与其发生时间联合分布的等值线图（秋汛期）

表 4.13　最大入库洪峰流量发生时间概率分布表（秋汛期，100 年一遇）

时间		概率/%
	上旬	24.48
9 月	中旬	25.38
	下旬	24.49
10 月	上旬	25.65
合计		100.00

从表 4.13 中可以看出，秋汛期丹江口水库发生 100 年一遇入库洪水时，最大入库洪峰流量发生在 9 月各旬和 10 月上旬的可能性相差不大。对秋汛期其他量级的洪水按照上述方法进行分析，即可得到秋汛期丹江口水库不同量级入库洪峰流量与其发生时间的联合分布规律。

4.5　洪水地区组成分布规律

在丹江口水库防洪调度风险分析计算中，下游防护区域安全与否，不仅与丹江口水库的调洪能力有关，而且与区间洪水的组成密切相关。汉江流域暴雨分布特性导致各分区洪水特性各异，如果丹皇区间出现局部性大洪水，丹江口水库入库洪水与丹皇区间局部性大洪水遭遇时，丹江口水库下游防护区将产生防洪风险，因此，需要对丹江口水库入库洪水与丹皇区间洪水的联合分布规律进行研究。

4.5.1　条件期望组合模型

汉江流域洪水地区组成具有明显的随机性，不同面积上的洪水的遭遇组合情况有多种可能。用 Copula 函数法构造出丹江口水库入库洪水 X 与下游丹皇区间洪水 Y 的联合分布 $F(x,y)$ 之后，便可推求丹江口水库不同量级入库洪水与下游丹皇区间洪水发生遭遇时的联合分布概率，X 与 Y 的遭遇组合情况可能有多种，下面仅给出一种有代表性的条件期望组合。

当上游丹江口水库出现设计入库洪水 x_p 时，丹皇区间洪水 y 并非唯一，可以用一个条件概率分布函数 $F_{Y|X}(y)$ 来描述，利用实测资料直接推求 $F_{Y|X}(y)$ 比较困难，但利用 Copula 函数可以进行求解。

$$F_{Y|X}(y) = P\{Y \leqslant y | X = x\} = \frac{\partial F(x,y)/\partial x}{\mathrm{d}F_X(x)/\mathrm{d}x} = \frac{\partial C(u,v)}{\partial u} \tag{4.38}$$

由式（4.38）可以看出，只要知道 X 和 Y 的联合分布函数 $F(x,y)$，就可以求出条件概率分布函数 $F_{Y|X}(y)$，这样就可以计算在任意指定频率 x_p 下，不同 y 发生的概率。当丹江口水库发生设计入库洪水 x_p 时，丹皇区间洪水 y 的期望值[即平均值 $E(y|x_p)$]的计算公式如式（4.39）所示。

$$E(y|x_p) = \int_{-\infty}^{+\infty} y f_{Y|X}(y)\mathrm{d}y = \int_{-\infty}^{+\infty} y c(u,v) f_Y(y)\mathrm{d}y \int_0^1 F_Y^{-1}(v) c(u,v)\mathrm{d}v \tag{4.39}$$

式中：$f_{Y|X}(y) = c(u,v) f_Y(y)$ 为 $F_{Y|X}(y)$ 的概率密度函数；$F_Y^{-1}(v)$ 为 $v = F_Y(y)$ 的反函数。式（4.39）无法求得解析解，但可用数值积分的方式求解。

4.5.2　洪水地区组成分析方法

本章重点分析丹皇区间的洪水地区组成，设 X 为丹江口水库的入库洪量，Y 为丹皇区间的洪量，Z 为皇庄站的洪量，则 $Z = X + Y$。采用 Copula 函数法构造上游丹江口水库入库洪量 X 与丹皇区间洪量 Y 的联合分布函数，由此推求当丹江口水库发生不同量级入库洪水时，丹皇区间最有可能出现的洪水情况，即条件期望组合。

丹江口水库入库洪量 X 和丹皇区间洪量 Y 均采用 P-III 型分布，通过频率分析计算确定 P-III 型分布的三个参数后，即可获得丹江口水库入库洪量 X 和丹皇区间洪量 Y 的边缘分布，进而用 Copula 函数法构造出丹江口水库入库洪量 X 和丹皇区间洪量 Y 的联合分布 $F(x,y)$，便可推求丹江口水库不同量级入库洪水与丹皇区间洪水发生遭遇时的概率。

4.5.3　丹皇区间洪水地区组成

1. 夏汛期

选取 1992～2018 年共 27 年丹江口水库入库和丹皇区间实测流量序列，计算夏汛期丹江口水库入库洪量和丹皇区间洪量的 P-III 型分布参数，如表 4.14 所示，丹江口水库入库洪量和丹皇区间洪量频率计算结果分别如图 4.18 和图 4.19 所示。

表 4.14　洪水地区组成边缘分布参数（夏汛期）

参数	丹江口水库入库洪量 P-III 型分布			丹皇区间洪量 P-III 型分布		
	α	β	a_0	α	β	a_0
值	3.305 8	0.034 788	5.48	1.262 5	0.037 596	4.25

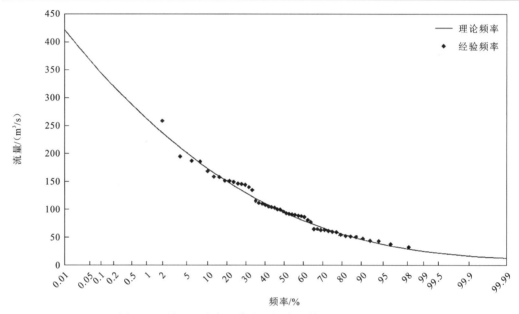

图 4.18　丹江口水库入库洪量频率计算结果（夏汛期）

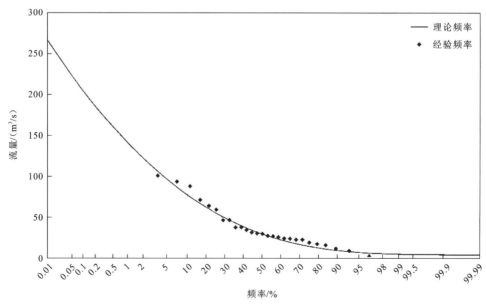

图 4.19　丹皇区间洪量频率计算结果（夏汛期）

从图 4.18 和图 4.19 可以看出，采用 P-III 型分布拟合丹江口水库入库洪量和丹皇区间洪量，得到的经验频率点均能均匀地分布在理论频率曲线的两边，说明理论频率与经验频率的拟合效果较好，这表明采用 P-III 型分布拟合夏汛期丹江口水库入库洪量和丹皇区间洪量的分布规律合理。

依据分位图对分位图法进行的 4 种阿基米德 Copula 函数参数优选结果如表 4.15 所示，从表 4.15 中可以看出，Gumbel 函数得到的 D 统计量最小，故将 Gumbel 函数作为 Copula 函数。

表 4.15　4 种阿基米德 Copula 函数参数优选结果（夏汛期）

项目	Copula 函数类型			
	AMH	Clayton	Frank	Gumbel
参数 θ	0.991 2	0.974 6	3.152 2	1.487 3
D 统计量	6.854 1	6.819 7	7.385 8	6.617 6

将 Gumbel 函数作为 Copula 函数得到的丹江口水库入库洪量与丹皇区间洪量联合分布的拟合图如图 4.20 所示。

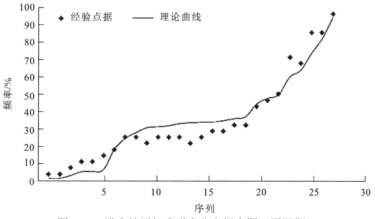

图 4.20　洪水地区组成联合分布拟合图（夏汛期）

从图 4.20 可以看出，经验点据基本均匀分布在理论曲线的两边，总体变化趋势基本一致，说明将 Gumbel 函数作为 Copula 函数建立的联合分布能准确地反映丹江口水库入库洪量与丹皇区间洪量的联合分布规律。

利用上述建立的丹江口水库入库洪量与丹皇区间洪量联合分布模型，计算丹江口水库入库洪量与丹皇区间洪量联合分布的三维图和等值线图，分别如图 4.21 和图 4.22 所示。

通过图 4.22 可以查询夏汛期丹江口水库入库洪量与丹皇区间洪量的联合分布概率，如图 4.22 中红色辅助线所示，夏汛期丹江口水库发生入库洪量大于 213 亿 m^3 的洪水时，丹皇区间发生洪量大于 80 亿 m^3 的洪水的概率约为 1%，而发生洪量大于 160 亿 m^3 的洪水的概率约为 0.1%。

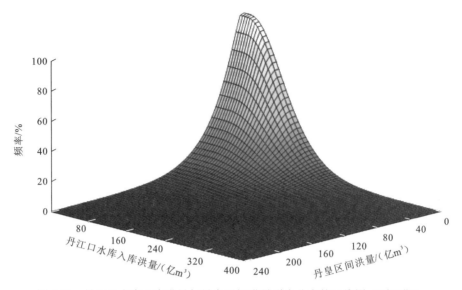

图 4.21　丹江口水库入库洪量与丹皇区间洪量联合分布的三维图（夏汛期）

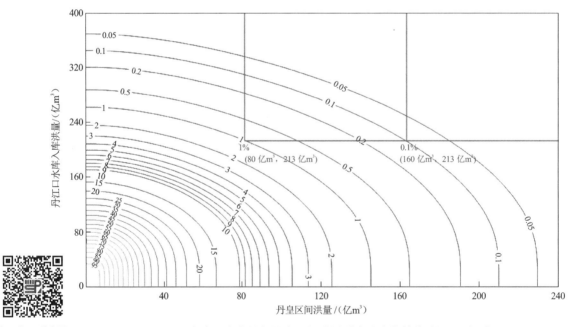

图 4.22　丹江口水库入库洪量与丹皇区间洪量联合分布的等值线图（夏汛期）

　　根据建立的夏汛期丹江口水库入库洪量与丹皇区间洪量联合分布模型，可利用条件期望组合模型计算夏汛期丹江口水库指定入库洪量下丹皇区间的期望洪量。以丹江口水库发生 100 年一遇入库洪量的洪水为例，夏汛期丹江口水库发生 100 年一遇入库洪量的洪水时，根据夏汛期丹江口水库入库洪量与丹皇区间洪量联合分布模型得到的丹皇区间洪量累计概率分布图如图 4.23 所示，利用条件期望组合模型可以计算出丹皇区间洪量的条件期望值为 69.01 亿 m³，条件概率为 41.98%，即丹江口水库发生 100 年一遇入库洪量的洪水时，丹皇区间发生洪量大于 69.01 亿 m³ 的洪水的概率为 41.98%。

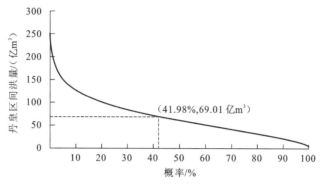

图 4.23　丹皇区间洪量累计概率分布图（夏汛期，100 年一遇）

根据建立的丹江口水库入库洪量与丹皇区间洪量联合分布模型和条件期望组合模型计算得到的丹江口水库不同量级入库洪量及其对应的丹皇区间期望洪量如表 4.16 所示。

表 4.16　丹江口水库不同量级入库洪量对应的丹皇区间期望洪量（夏汛期）

洪水量级	丹江口水库入库洪量/（亿 m³）	丹皇区间期望洪量/（亿 m³）	条件概率/%
1 000 年一遇	344.77	76.18	42.35
500 年一遇	320.33	74.21	42.26
200 年一遇	287.37	71.37	42.11
100 年一遇	261.83	69.01	41.98
50 年一遇	235.61	66.42	41.82
20 年一遇	199.50	62.52	41.53
10 年一遇	170.59	59.07	41.23
5 年一遇	139.47	54.98	40.78

2. 秋汛期

与夏汛期类似，计算秋汛期丹江口水库入库洪量和丹皇区间洪量的 P-III 型分布参数，如表 4.17 所示。秋汛期丹江口水库入库洪量和丹皇区间洪量频率计算结果分别如图 4.24 和图 4.25 所示。

表 4.17　洪水地区组成边缘分布参数（秋汛期）

参数	丹江口水库入库洪量 P-III 型分布			丹皇区间洪量 P-III 型分布		
	α	β	a_0	α	β	a_0
值	1.505 5	0.018 667	−4.22	1.276 8	0.066 611	−1.50

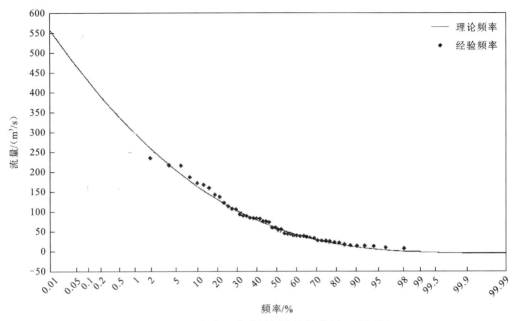

图 4.24　丹江口水库入库洪量频率计算结果（秋汛期）

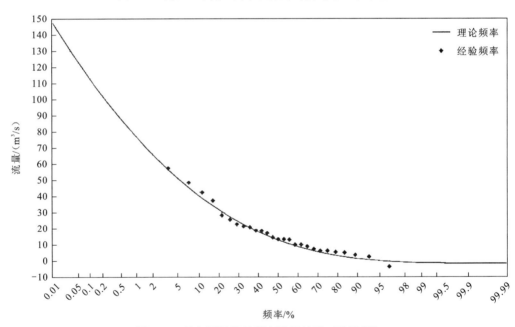

图 4.25　丹皇区间洪量频率计算结果（秋汛期）

从图 4.24 和图 4.25 可以看出，经验频率点均能均匀地分布在理论频率曲线的两边，表明采用 P-III 型分布拟合秋汛期丹江口水库入库洪量和丹皇区间洪量的分布规律合理可行。

依据分位图对分位图法进行的 4 种阿基米德 Copula 函数参数优选结果如表 4.18 所示，从表 4.18 中可以看出，Frank 函数的 D 统计量最小，故将 Frank 函数作为 Copula 函数。

表 4.18　4 种阿基米德 Copula 函数参数优选结果（秋汛期）

项目	Copula 函数类型			
	AMH	Clayton	Frank	Gumbel
参数 θ	—	2.228 9	6.186 0	2.114 5
D 统计量	—	4.424 5	3.959 3	4.113 0

将 Frank 函数作为 Copula 函数得到的秋汛期丹江口水库入库洪量与丹皇区间洪量联合分布的拟合图如图 4.26 所示，经验点据均匀地分布在理论曲线的两边，总体变化趋势基本一致，说明将 Frank 函数作为 Copula 函数建立的联合分布能够较为真实地反映丹江口水库入库洪量与丹皇区间洪量的联合分布情况。

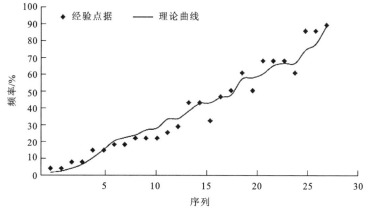

图 4.26　洪水地区组成联合分布拟合图（秋汛期）

利用上述建立的丹江口水库入库洪量与丹皇区间洪量联合分布模型，计算秋汛期丹江口水库入库洪量与丹皇区间洪量联合分布的三维图和等值线图，分别如图 4.27 和图 4.28 所示。

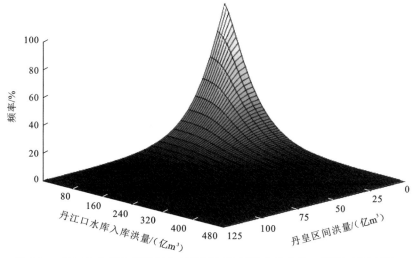

图 4.27　丹江口水库入库洪量与丹皇区间洪量联合分布的三维图（秋汛期）

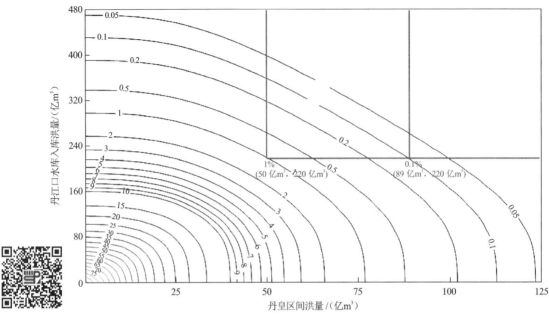

图 4.28　丹江口水库入库洪量与丹皇区间洪量联合分布的等值线图（秋汛期）

通过图 4.28 可以查询秋汛期丹江口水库入库洪量与丹皇区间洪量的联合分布概率，如图 4.28 中红色辅助线所示，秋汛期丹江口水库入库洪量大于 220 亿 m³ 时，丹皇区间洪量大于 50 亿 m³ 的概率约为 1%，而丹皇区间洪量大于 89 亿 m³ 的概率约为 0.1%。

以丹江口水库发生 100 年一遇入库洪量的洪水为例，秋汛期丹江口水库发生 100 年一遇入库洪量的洪水时，根据秋汛期丹江口水库入库洪量与丹皇区间洪量联合分布模型计算得到的丹皇区间洪量累计概率分布图如图 4.29 所示，利用条件期望组合模型计算得到的丹皇区间洪量的条件期望值为 41.13 亿 m³，条件概率为 43.28%。

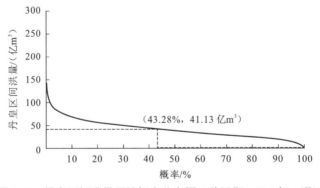

图 4.29　丹皇区间洪量累计概率分布图（秋汛期，100 年一遇）

根据建立的秋汛期丹江口水库入库洪量与丹皇区间洪量联合分布模型和条件期望组合模型计算得到的秋汛期丹江口水库不同量级入库洪量及其对应的丹皇区间期望洪量如表 4.19 所示。

表 4.19　丹江口水库不同量级入库洪量对应的丹皇区间期望洪量（秋汛期）

洪水量级	丹江口水库入库洪量/（亿 m³）	丹皇区间期望洪量/（亿 m³）	条件概率/%
1 000 年一遇	432.15	41.44	43.34
500 年一遇	392.73	41.41	43.34
200 年一遇	340.27	41.30	43.32
100 年一遇	300.25	41.13	43.28
50 年一遇	259.84	40.79	43.21
20 年一遇	205.61	39.77	43.00
10 年一遇	163.69	38.12	42.65
5 年一遇	120.51	35.01	41.97

4.6　水库洪水资源化利用风险分析模型

4.6.1　水库防洪调度风险分析模型

在水库防洪调度风险分析中，通常是对所研究的特定风险事件（或破坏事件）定义风险，并提出相应的风险定量表示方法。在水库防洪调度风险分析中，通常的风险事件有水库最高运行水位超过其调洪最高水位、校核水位和坝顶高程，下游防洪控制站最大流量超过其允许泄量等。因此，水库调洪最高水位、校核水位、坝顶高程和下游防洪控制站允许泄量为水库防洪调度风险控制目标。

对于某洪水事件 A，其发生的概率为 $P(A)$，记洪水事件 A 致使风险控制目标被破坏的随机事件为 B，其发生的概率为 $P(B)$，则防洪目标被破坏的概率 $P_f = P(AB)$，由条件概率的乘法公式可得

$$P_f = P(AB) = P(A)P(B\,|\,A) \tag{4.40}$$

式中：$P(B\,|\,A)$ 为事件 A 发生时事件 B 发生的条件概率。

在识别和模拟洪水预报误差（E）、洪水发生时间（D'）、洪水地区组成（C'）、初始起调水位（H_0）等水库防洪调度主要风险因素的基础上，确定水库防洪调度风险控制目标，并基于水库防洪调度规则，计算不确定性环境下水库防洪调度风险控制目标，开展不确定性环境下丹江口水库防洪调度风险估算和分析，丹江口水库防洪调度风险分析流程图如图 4.30 所示。

根据《丹江口水利枢纽调度规程》，丹江口水库的防洪调度以皇庄站为防洪控制站，采用补偿调度方式，承担汉江中下游地区的防洪任务。因此，本章以丹江口水库最高运行水位不超过其调洪最高水位，且下游皇庄站最大流量不超过其允许泄量为丹江口水库防洪调度风险控制目标，建立丹江口水库防洪调度风险分析模型。

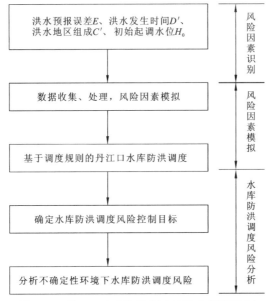

图 4.30　丹江口水库防洪调度风险分析流程图

设防洪调度期内丹江口水库最高运行水位为 $H_{\max}$，调洪最高水位为 H_g，下游皇庄站最大流量为 $Q_{\max}$，允许泄量为 Q_g。当 $H_{\max} \leqslant H_g$ 且 $Q_{\max} \leqslant Q_g$ 时，认为丹江口水库防洪调度的风险较小，在可接受范围内；而当 $H_{\max} > H_g$ 或 $Q_{\max} > Q_g$ 时，认为丹江口水库防洪调度风险控制目标被破坏，记为随机事件 B，此时，水库防洪调度风险控制目标被破坏的概率 $P(B)$ 可表达为

$$P(B) = P[(H_{\max} > H_g) \bigcup (Q_{\max} > Q_g)] \tag{4.41}$$

本章中丹江口水库防洪调度考虑了洪水预报误差、洪水发生时间、洪水地区组成、初始起调水位四种主要风险因素。因此，丹江口水库防洪调度综合风险率可表示为

$$
\begin{aligned}
P_f &= P(AB) = P(A)P(B \mid A) \\
&= P(A)P\{[(H_{\max} > H_g) \bigcup (Q_{\max} > Q_g) \mid E, D', C', H_0] \mid A\}
\end{aligned} \tag{4.42}
$$

式中：$P(A)$ 为某一重现期洪水事件 A 发生的概率；$P(B \mid A)$ 为当发生洪水 A 时，丹江口水库出现风险事件 B 的条件概率。

丹江口水库防洪调度综合风险率是指发生某一频率洪水时水库防洪调度风险控制目标被破坏的概率，可根据典型年和随机模拟洪水过程，利用水库防洪调度风险分析模型计算。丹江口水库防洪调度风险分析模型结构图如图 4.31 所示。

根据上述对丹江口水库防洪调度主要风险因素的分析，基于水库防洪调度规则，采用典型年和随机模拟的洪水过程，进行丹江口水库防洪调度计算，评估主要风险因素及其组合不确定性环境下丹江口水库防洪调度的风险，丹江口水库防洪调度风险率估算流程图如图 4.32 所示，图中 H 为洪水过程总场数，h' 为水库防洪调度风险控制目标被破坏的洪水场数，$H(k, h, t)$ 为水库第 k 个起调水位下第 h 场洪水第 t 时刻的水位，$H_{\max}(k, h)$ 为水库第 k 个起调水位下第 h 场洪水最高调洪水位，$Q_{out}(k, h, t)$ 为水库第 k 个起调水位下第 h 场洪水第 t 时刻的出库流量，K' 为水库起调水位离散的总个数。

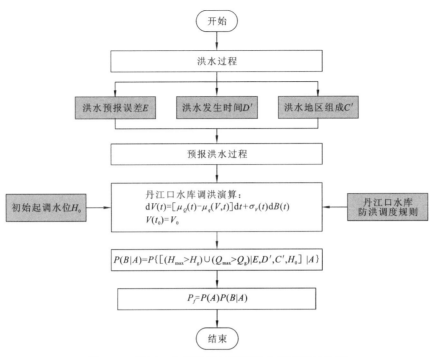

图 4.31　丹江口水库防洪调度风险分析模型结构图

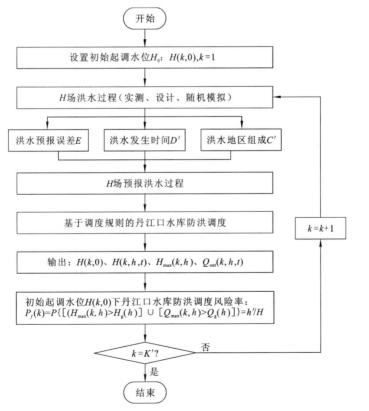

图 4.32　丹江口水库防洪调度风险率估算流程图

4.6.2 洪水预报误差对水库运行水位的影响

1. 夏汛期

针对不同确定性系数（DC=0.90、0.80、0.70）下的洪水预报方案，根据对 1935 年和 1975 年典型洪水进行放大获得的不同量级设计洪水过程，分别模拟 1 000 场对应的预报洪水过程，然后进行无洪水预报误差的防洪调度和有洪水预报误差的防洪风险调度，计算得到丹江口水库防洪调度最高运行水位，分别如表 4.20 和表 4.21 所示。

表 4.20 丹江口水库防洪调度最高运行水位（1935 年） （单位：m）

洪水	DC=1.0 无洪水预报误差防洪调度最高运行水位	DC=0.90		DC=0.80		DC=0.70	
		防洪风险调度最高运行水位	水位差值	防洪风险调度最高运行水位	水位差值	防洪风险调度最高运行水位	水位差值
实测洪水	166.46	168.73	2.27	170.58	4.12	170.88	4.42
1 000 年一遇	169.03	171.34	2.31	172.63	3.60	173.72	4.69
200 年一遇	166.75	170.00	3.25	171.92	5.17	173.52	6.77
100 年一遇	166.85	169.16	2.31	169.81	2.96	170.93	4.08
50 年一遇	166.40	168.57	2.17	169.76	3.36	170.54	4.14
20 年一遇	165.64	167.56	1.92	167.99	2.35	169.09	3.45
10 年一遇	165.82	167.49	1.67	167.76	1.94	168.05	2.23

注：水位差值=防洪风险调度最高运行水位−无洪水预报误差防洪调度最高运行水位。

表 4.21 丹江口水库防洪调度最高运行水位（1975 年） （单位：m）

洪水	DC=1.0 无洪水预报误差防洪调度最高运行水位	DC=0.90		DC=0.80		DC=0.70	
		防洪风险调度最高运行水位	水位差值	防洪风险调度最高运行水位	水位差值	防洪风险调度最高运行水位	水位差值
实测洪水	160.85	162.16	1.31	162.54	1.69	163.10	2.25
1 000 年一遇	170.69	172.58	1.89	173.10	2.41	174.22	3.53
200 年一遇	168.28	171.32	3.04	172.97	4.69	173.87	5.59
100 年一遇	167.31	168.67	1.36	170.21	2.90	170.64	3.33
50 年一遇	166.90	168.26	1.36	170.01	3.11	170.25	3.35
20 年一遇	166.82	167.88	1.06	168.13	1.31	168.19	1.37
10 年一遇	165.66	167.10	1.44	167.15	1.49	167.18	1.52

从表 4.20 和表 4.21 可以看出，在其他防洪调度要素相同的条件下，1935 年和 1975 年同量级洪水下有洪水预报误差的防洪风险调度的最高运行水位均高于无洪水预报误差的防洪调度结果（水位差值均为正），且洪水预报误差越大（确定性系数 DC 越小），防洪风险调度最高运行水位越高，防洪风险调度最高运行水位与无洪水预报误差的防洪调度最高运行水位的差值越大。因此，鉴于洪水预报误差的客观存在性，在实际的防洪调度中，需要考虑洪水预报误差带来的防洪调度风险，应对可能出现的最高运行水位提前做好调度预案，对提高丹江口水库的防洪能力，有效降低汉江中下游地区的防洪风险具有积极作用。

针对丹江口水库 1935 年型 100 年一遇设计洪水过程分别选取不同确定性系数（DC＝0.90、0.80、0.70）下的三种洪水预报方案，模拟 1 000 场考虑洪水预报误差的预报洪水过程，并进行水库防洪风险调度，统计三种洪水预报方案下的水库运行水位调度结果，同时与无洪水预报误差的防洪调度结果进行比较，三种洪水预报方案下丹江口水库防洪风险调度水位过程如图 4.33 所示，图 4.33 中短虚线为 1 000 次考虑洪水预报误差的水库防洪风险调度的最高运行水位，长虚线为 1 000 次考虑洪水预报误差的水库防洪风险调度的最低运行水位，实线为无洪水预报误差的防洪调度的运行水位。

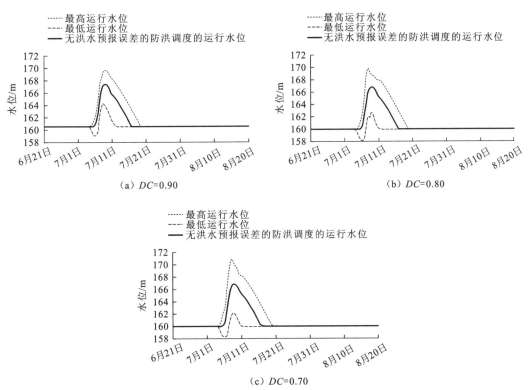

图 4.33　丹江口水库防洪风险调度水位过程统计图（夏汛期）

从图 4.33 可以看出，无洪水预报误差水库防洪调度的运行水位过程在防洪风险调度最低运行水位过程和最高运行水位过程之间。由于洪水预报误差的影响，丹江口水库防洪风险调度运行水位过程在最低运行水位过程和最高运行水位过程之间（图 4.33 中短虚线和长虚线之间）上下波动，洪水预报误差越大（确定性系数 DC 越小），水库运行水位的波动幅度越大。波动幅度大小不仅与洪水预报误差的大小有关，还与水库入库洪水过程、水库水位库容关系、水库防洪调度规则等多种因素有关。

2. 秋汛期

针对不同确定性系数（DC=0.90、0.80、0.70）下的洪水预报方案，根据对 1964 年和 1983 年典型洪水进行放大获得的不同量级设计洪水过程，分别模拟 1 000 场对应的预报洪水过程，然后进行无洪水预报误差的防洪调度和有洪水预报误差的防洪风险调度，计算得到丹江口水库防洪调度最高运行水位，分别如表 4.22 和表 4.23 所示。

表 4.22　丹江口水库防洪调度最高运行水位（1964 年）　　　　（单位：m）

洪水	DC=1.0 无洪水预报误差防洪调度最高运行水位	DC=0.90		DC=0.80		DC=0.70	
		防洪风险调度最高运行水位	水位差值	防洪风险调度最高运行水位	水位差值	防洪风险调度最高运行水位	水位差值
实测洪水	166.70	167.69	0.99	168.29	1.59	168.84	2.14
1 000 年一遇	169.38	171.93	2.55	173.81	4.43	174.21	4.83
200 年一遇	167.19	170.19	3.00	171.35	4.16	172.06	4.87
100 年一遇	168.83	169.45	0.62	170.18	1.35	170.34	1.51
50 年一遇	167.53	168.77	1.24	168.98	1.45	169.24	1.71
20 年一遇	166.82	167.95	1.13	168.26	1.44	168.59	1.77
10 年一遇	166.88	167.46	0.58	167.70	0.82	167.80	0.92

表 4.23　丹江口水库防洪调度最高运行水位（1983 年）　　　　（单位：m）

洪水	DC=1.0 无洪水预报误差防洪调度最高运行水位	DC=0.90		DC=0.80		DC=0.70	
		防洪风险调度最高运行水位	水位差值	防洪风险调度最高运行水位	水位差值	防洪风险调度最高运行水位	水位差值
实测洪水	165.98	168.02	2.04	168.31	2.33	168.42	2.44
1 000 年一遇	169.45	170.98	1.53	172.29	2.84	173.58	4.13
200 年一遇	166.94	169.92	2.98	170.60	3.66	171.22	4.28
100 年一遇	168.69	169.37	0.68	169.59	0.90	170.40	1.71
50 年一遇	167.37	168.95	1.58	169.27	1.90	169.46	2.09
20 年一遇	166.86	167.98	1.12	168.11	1.25	168.24	1.38
10 年一遇	167.01	167.41	0.40	167.80	0.79	168.03	1.02

从表 4.22 和表 4.23 中可以看出，与夏汛期类似，有洪水预报误差的防洪风险调度的最高运行水位均高于无洪水预报误差的防洪调度结果（水位差值均为正），且洪水预报误差越大（确定性系数 DC 越小），防洪风险调度最高运行水位越高，防洪风险调度最高运行水位与无洪水预报误差的防洪调度最高运行水位的差值越大。

针对 1983 年型 100 年一遇设计洪水过程分别选取不同确定性系数（DC=0.90、0.80、0.70）下的三种洪水预报方案，模拟生成 1 000 场预报洪水过程，并进行考虑洪水预报误差的水库防洪风险调度，统计分析三种洪水预报方案下的水库运行水位结果，三种洪水预报方案下丹江口水库防洪风险调度水位过程如图 4.34 所示。

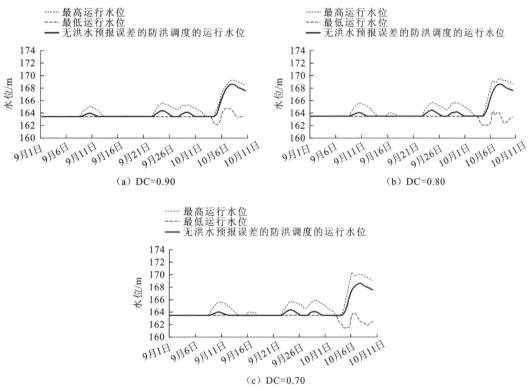

图 4.34　丹江口水库防洪风险调度水位过程统计图（秋汛期）

从图 4.34 可以看出，与夏汛期类似，无洪水预报误差的防洪调度的运行水位过程在防洪风险调度最低运行水位过程和最高运行水位过程之间，且丹江口水库防洪风险调度运行水位过程在最低运行水位过程和最高运行水位过程之间（图中短虚线和长虚线之间）上下波动，洪水预报误差越大（确定性系数 DC 越小），水库运行水位的波动幅度越大。

动态了解洪水预报误差对水库防洪调度运行水位可能产生的影响，从技术层面上对水库调洪过程的不确定性加以定量描述，为防洪调度决策的确定提供技术参考，可有效降低丹江口水库自身的防洪风险，同时提高丹江口水库对下游丹皇区间防护对象的防洪能力。

4.7 水库汛期运行水位动态控制风险分析方法

为了研究丹江口水库汛期运行水位动态控制的风险，首先需要定义水库防洪风险控制水位，该水位对丹江口水库运行水位的动态控制运行，减小防洪调度风险具有重要的技术指导作用。

4.7.1 水库防洪风险控制水位计算方法

水库防洪风险控制水位指当水库实际调度中的运行水位不超过该水位时，按照防洪调度规则运行，此后水库最高运行水位不超过其调洪最高水位，且下游皇庄站流量不超过其允许泄量，认为水库防洪调度的风险率较小，在可接受的范围内；而当水库运行水位高于该水位时，此后水库最高运行水位超过其调洪最高水位，或者下游皇庄站流量超过其允许泄量，认为水库防洪调度的风险率较大，超出了可接受的范围。

根据丹江口水库第 t 时刻的运行水位，按照现有防洪调度规则对水库进行防洪调度，并计算第 t 时刻之后水库的最高运行水位和下游皇庄站的最大流量，结合水库调洪最高水位和皇庄站允许泄量，判断水库防洪调度风险控制目标是否遭到破坏，然后逐步提高丹江口水库第 t 时刻的运行水位，直至水库防洪调度风险控制目标遭到破坏，最终确定丹江口水库第 t 时刻的防洪风险控制水位，丹江口水库防洪风险控制水位分析计算流程如图 4.35 所示，图中 ΔH 为设置的防洪风险控制水位的精度。

对于每场洪水，均可运用上述水库防洪风险控制水位分析计算流程，计算水库第 t 时刻的防洪风险控制水位。从汛初至汛末计算每个时刻的防洪风险控制水位，就可以得到该场入库洪水情况下的丹江口水库防洪风险控制水位过程，即该场入库洪水下丹江口水库汛期运行水位动态控制风险图。通过对大量形态各异的典型年或随机模拟洪水进行丹江口水库防洪风险控制水位的分析计算，获得相应入库洪水条件下丹江口水库防洪风险控制水位过程，即相应入库洪水条件下的丹江口水库汛期运行水位动态控制风险图。绘制丹江口水库汛期运行水位动态控制风险图，可以为水库运行和降低防洪风险提供技术支撑。

4.7.2 丹江口水库汛期运行水位动态控制风险分析

1. 典型洪水下汛期运行水位动态控制风险

1）夏汛期

夏汛期遭遇 1935 年型和 1975 年型不同量级设计洪水情况下，丹江口水库汛期运行水位动态控制风险图如图 4.36 所示。

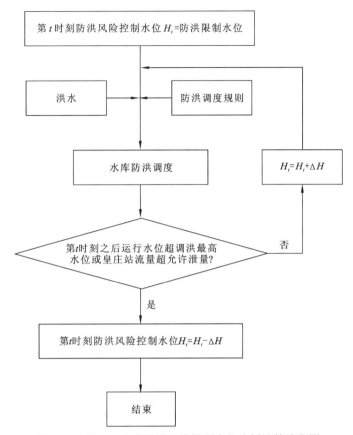

图 4.35　丹江口水库防洪风险控制水位分析计算流程图

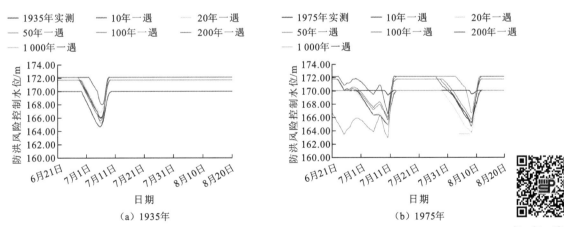

图 4.36　丹江口水库汛期运行水位动态控制风险图（夏汛期）

扫一扫　看彩图

从图 4.36 可以看出，在遭遇 1935 年型和 1975 年型不同量级设计洪水情况下，如果某时刻丹江口水库实际运行水位低于相应洪水下的防洪风险控制水位，则此时刻之后丹江口水库运行水位不超过其调洪最高水位，且皇庄站流量不超过其允许泄量；否则，此时刻之后丹江口水库运行水位将超过其调洪最高水位，或者皇庄站流量超过其允许泄量。

如图 4.36（a）所示，1935 年实测洪水下丹江口水库调洪最高水位为 171.70 m，夏汛期 6 月 29 日～7 月 8 日丹江口水库防洪风险控制水位低于调洪最高水位 171.70 m，其他时刻水库防洪风险控制水位为 171.70 m，水库最低防洪风险控制水位为 166.00 m，发生在 7 月 5 日。因此，遭遇 1935 年实测洪水情况下，如果 7 月 5 日丹江口水库的运行水位低于 166.00 m，则此后丹江口水库运行水位不会超过其调洪最高水位 171.70 m；否则，此后丹江口水库运行水位将超过其调洪最高水位。下面以 1935 年型不同量级设计洪水为例，分析不同量级设计洪水下丹江口水库的防洪风险控制水位过程。

如图 4.36（a）所示，1935 年型 10 年一遇设计洪水下丹江口水库调洪最高水位为 170.00 m，在 6 月 29 日～7 月 9 日水库防洪风险控制水位低于其调洪最高水位，且水库最低防洪风险控制水位为 164.70 m。

1935 年型 20 年一遇、50 年一遇和 100 年一遇设计洪水下丹江口水库调洪最高水位均为 171.70 m，水库最低防洪风险控制水位分别为 166.80 m、166.10 m 和 165.60 m，随着洪水量级的增大，水库防洪风险控制水位低于调洪最高水位的时间依次增长，水库最低防洪风险控制水位依次减小。

1935 年型 200 年一遇和 1000 年一遇设计洪水下丹江口水库调洪最高水位均为 172.14 m，水库最低防洪风险控制水位分别为 168.00 m 和 165.30 m，随着洪水量级的增大，水库防洪风险控制水位低于调洪最高水位的时间依次增长，且水库最低防洪风险控制水位依次减小。

从图 4.36 可以看出，夏汛期遭遇 1935 年型和 1975 年型不同量级设计洪水时，丹江口水库运行水位可分别抬升至 164.70 m 和 162.90 m，运行水位抬升后丹江口水库运行水位超过其调洪最高水位和皇庄站流量超过其允许泄量的风险较小，水库防洪调度风险在可接受的范围内。

2）秋汛期

秋汛期遭遇 1964 年型和 1983 年型不同量级设计洪水情况下，丹江口水库汛期运行水位动态控制风险图如图 4.37 所示。从图 4.37 中可以看出，秋汛期遭遇 1964 年型和 1983 年型不同量级设计洪水时，丹江口水库运行水位均可抬升至 166.70 m，运行水位抬升后丹江口水库运行水位超过其调洪最高水位和皇庄站流量超过其允许泄量的风险较小，水库防洪调度风险在可接受的范围内。

以图 4.37（a）中 1964 年型设计洪水为例，分析不同量级设计洪水下丹江口水库防洪风险控制水位过程。1964 年型 10 年一遇设计洪水下丹江口水库调洪最高水位为 170.00 m，9 月 29 日～10 月 6 日水库防洪风险控制水位低于其调洪最高水位，且水库最低防洪风险控制水位为 166.80 m。

1964 年型 20 年一遇、50 年一遇和 100 年一遇设计洪水下丹江口水库调洪最高水位均为 171.70 m，分别在 9 月 29 日～10 月 6 日、9 月 28 日～10 月 6 日、9 月 26 日～10 月 6 日水库防洪风险控制水位低于其调洪最高水位，且随着洪水量级的增大，水库防洪风险控制水位低于其调洪最高水位的时间逐渐增长，水库最低防洪风险控制水位逐渐降低，分别为 168.70 m、168.00 m 和 166.70 m。

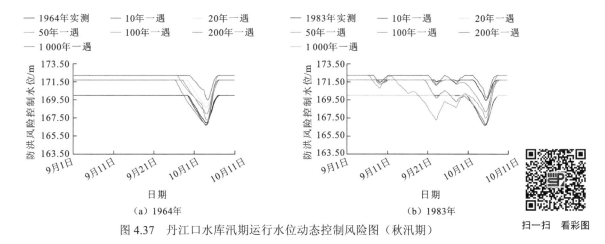

图 4.37　丹江口水库汛期运行水位动态控制风险图（秋汛期）

1964 年型 200 年一遇和 1 000 年一遇设计洪水下丹江口水库调洪最高水位均为 172.20 m，分别在 9 月 30 日～10 月 6 日、9 月 27 日～10 月 6 日水库防洪风险控制水位低于其调洪最高水位，且最低防洪风险控制水位分别为 169.50 m 和 167.30 m。随着洪水量级的增大，水库防洪风险控制水位低于其调洪最高水位的时间逐渐增长，水库最低防洪风险控制水位逐渐降低。

综上所述，同类型不同量级设计洪水下，水库调洪最高水位相同时，洪水量级越大，水库防洪风险控制水位低于其调洪最高水位的时间越长，水库最低防洪风险控制水位越低。在丹江口水库实际防洪调度运行中，夏汛期遭遇 1935 年型和 1975 年型不同量级设计洪水时，丹江口水库运行水位可分别抬升至 164.70 m 和 162.90 m；秋汛期遭遇 1964 年型和 1983 年型不同量级设计洪水时，丹江口水库运行水位可抬升至 166.70 m。

下面以 1983 年型 100 年一遇设计洪水为例，分析丹江口水库防洪调度对汉江中下游防洪安全的影响。遭遇 1983 年型 100 年一遇设计洪水时，丹江口水库防洪调度过程图如图 4.38 所示。

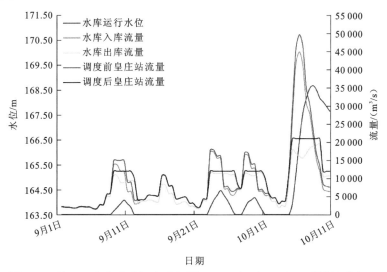

图 4.38　丹江口水库防洪调度过程图（1983 年型 100 年一遇设计洪水）

从图 4.38 中可以看出，10 月 5 日之前，丹江口水库入库洪水洪峰流量小于 26 800 m³/s，水库按照防洪调度规则对下游皇庄站进行补偿调度，控制下游皇庄站流量不超过 12 000 m³/s，以保障汉江中下游的防洪安全，皇庄站调度后共有 20 个调度时段（10 天）流量达到 12 000 m³/s。10 月 5 日之后，丹江口水库入库洪水洪峰流量达到 45 000 m³/s，水库按照下游皇庄站流量不超过 21 000 m³/s 进行补偿调度，通过丹江口水库的调洪作用，将皇庄站流量控制在 21 000 m³/s 及以内，降低了汉江中下游的防洪风险，调度后皇庄站共有 9 个调度时段（4.5 天）流量达到 21 000 m³/s。因此，丹江口水库通过对皇庄站进行防洪补偿调度，以降低汉江中下游的防洪风险。

上述结果及结论是在四场典型洪水类型设计洪水下得到的，而实际发生的洪水类型多种多样，仅根据四场典型洪水类型得到的结果不足以支撑丹江口水库实际防洪调度运行中汛期运行水位的动态控制，因此，下面将基于 4.2 节建立的丹江口水库入库洪水过程随机模拟模型，模拟生成大量形态各异的入库洪水过程，进而分析计算不同类型不同量级洪水下的丹江口水库汛期运行水位动态控制风险。

2. 随机模拟洪水下汛期运行水位动态控制风险

利用建立的丹江口水库入库洪水过程随机模拟模型，对于 10 年一遇、20 年一遇、50 年一遇、100 年一遇、200 年一遇和 1 000 年一遇六个量级，均随机模拟生成 1 000 场对应量级下的设计洪水过程，并根据得到的丹江口水库不同量级入库洪水及其对应丹皇区间期望洪量的研究成果，按照汛期洪水总量对 30 场丹皇区间历史洪水进行同倍比放大，得到 30 场形状不同的对应丹江口水库指定入库洪水的丹皇区间洪水过程，并将随机模拟的每场入库洪水与丹皇区间洪水组合，这样对于夏汛期和秋汛期六个洪水量级，均模拟出 30 000 场形状不同的设计洪水过程。

针对夏汛期和秋汛期六个不同量级的 30 000 场形状不同的设计洪水过程，分别分析计算不同防洪风险率下的丹江口水库防洪风险控制水位过程，分析丹江口水库汛期运行水位动态控制的风险，最终得到可指导水库实际防洪调度的水库汛期运行水位动态控制风险图。

1）夏汛期

夏汛期遭遇不同类型 10 年一遇、20 年一遇、50 年一遇、100 年一遇、200 年一遇和 1 000 年一遇设计洪水时，不同防洪风险率（无风险、5%风险、10%风险、15%风险、20%风险）下丹江口水库汛期运行水位动态控制风险图分别如图 4.39～图 4.44 所示。

图 4.39 中无风险下的水库防洪风险控制水位是指，在模拟的 30 000 场洪水中，水库运行水位低于该防洪风险控制水位时，能保证模拟的 30 000 场洪水下的水库运行水位均不会超过其调洪最高水位；5%风险下的水库防洪风险控制水位是指，在模拟的 30 000 场洪水中，有 5%洪水下的水库运行水位超过了其调洪最高水位；其他风险下的水库防洪风险控制水位与之类似。从图 4.39 中可以看出，夏汛期遭遇不同类型 10 年一遇设计洪水时，不同防洪风险率下丹江口水库防洪风险控制水位不尽相同，随着水库防洪风险

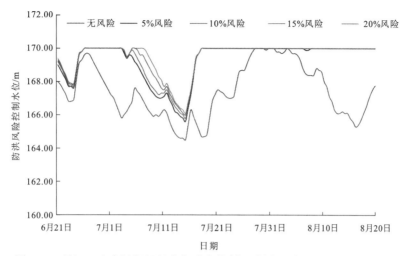

扫一扫　看彩图

图 4.39　丹江口水库汛期运行水位动态控制风险图（夏汛期，10 年一遇）

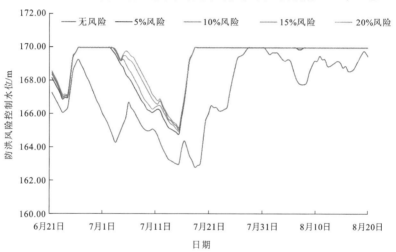

扫一扫　看彩图

图 4.40　丹江口水库汛期运行水位动态控制风险图（夏汛期，20 年一遇）

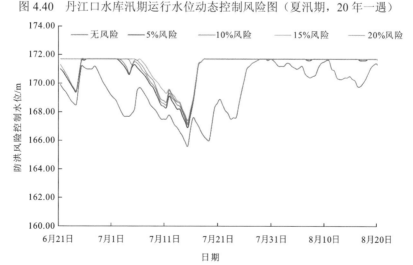

扫一扫　看彩图

图 4.41　丹江口水库汛期运行水位动态控制风险图（夏汛期，50 年一遇）

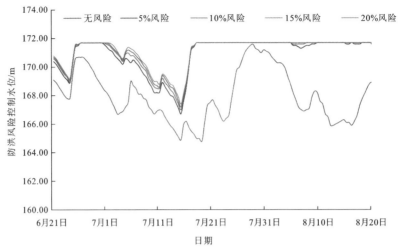

图 4.42　丹江口水库汛期运行水位动态控制风险图（夏汛期，100 年一遇）

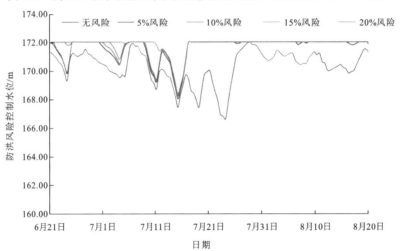

图 4.43　丹江口水库汛期运行水位动态控制风险图（夏汛期，200 年一遇）

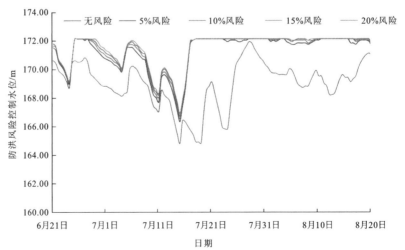

图 4.44　丹江口水库汛期运行水位动态控制风险图（夏汛期，1 000 年一遇）

率的降低，水库防洪风险控制水位逐渐降低，无风险情况下水库最低防洪风险控制水位为 164.50 m。

从图 4.40 中可以看出，夏汛期遭遇不同类型 20 年一遇设计洪水时，无风险情况下水库最低防洪风险控制水位为 162.80 m。

从图 4.41 中可以看出，夏汛期遭遇不同类型 50 年一遇设计洪水时，无风险情况下水库最低防洪风险控制水位为 165.60 m。

从图 4.42 中可以看出，夏汛期遭遇不同类型 100 年一遇设计洪水时，无风险情况下水库最低防洪风险控制水位为 164.80 m。

从图 4.43 中可以看出，夏汛期遭遇不同类型 200 年一遇设计洪水时，无风险情况下水库最低防洪风险控制水位为 166.70 m。

从图 4.44 中可以看出，夏汛期遭遇不同类型 1 000 年一遇设计洪水时，无风险情况下水库最低防洪风险控制水位为 164.80 m。

根据夏汛期不同类型不同量级设计洪水计算的无风险情况下的丹江口水库防洪风险控制水位过程，作其下包线得到夏汛期无风险情况下丹江口水库动态控制水位过程和最低动态控制水位，如图 4.45 所示。在丹江口水库夏汛期实际防洪调度中，按照水库运行水位不超过对应时间的动态控制水位运行时，丹江口水库防洪调度风险控制目标被破坏的概率较小，即水库运行水位超其调洪最高水位和皇庄站流量超其允许泄量的风险较小，水库防洪调度风险在可接受的范围内。

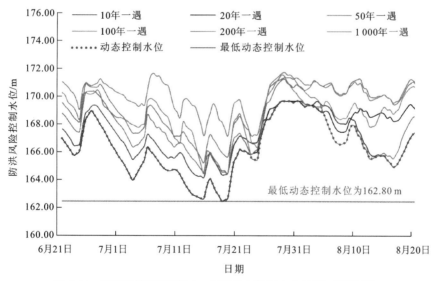

扫一扫　看彩图

图 4.45　无风险情况下丹江口水库动态控制水位过程（夏汛期）

从图 4.45 可以看出，丹江口水库夏汛期最低动态控制水位为 162.80 m（如图中红色实线所示）。因此，结合遭遇 1935 年型和 1975 年型不同量级设计洪水时丹江口水库运行水位可分别抬升至 164.70 m 和 162.90 m 的结论，夏汛期丹江口水库的运行水位抬升 1.5～2.5 m（抬升至 161.50～162.50 m）后，水库运行水位超其调洪最高水位和皇庄站流量超其允许泄量的风险较小，水库防洪调度风险在可接受的范围内。

2）秋汛期

秋汛期遭遇不同类型 10 年一遇、20 年一遇、50 年一遇、100 年一遇、200 年一遇和 1 000 年一遇设计洪水时，不同防洪风险率（无风险、5%风险、10%风险、15%风险、20%风险）下丹江口水库汛期运行水位动态控制风险图分别如图 4.46～图 4.51 所示。

从图 4.46 中可以看出，秋汛期遭遇不同类型 10 年一遇设计洪水时，无风险情况下水库最低防洪风险控制水位为 166.50 m。

从图 4.47 中可以看出，秋汛期遭遇不同类型 20 年一遇设计洪水时，无风险情况下水库最低防洪风险控制水位为 166.00 m。

从图 4.48 中可以看出，秋汛期遭遇不同类型 50 年一遇设计洪水时，无风险情况下水库最低防洪风险控制水位为 165.70 m。

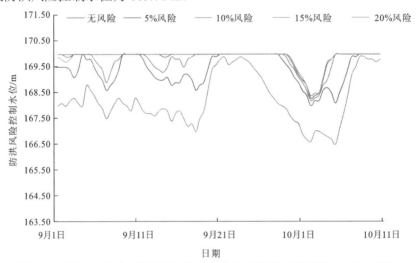

扫一扫　看彩图

图 4.46　丹江口水库汛期运行水位动态控制风险图（秋汛期，10 年一遇）

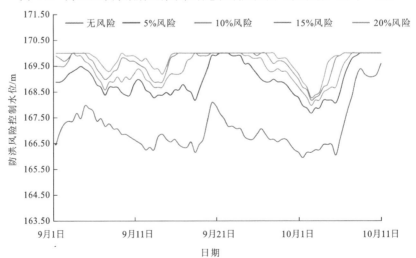

扫一扫　看彩图

图 4.47　丹江口水库汛期运行水位动态控制风险图（秋汛期，20 年一遇）

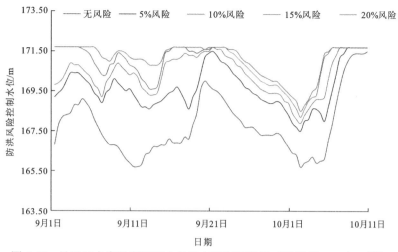

图 4.48　丹江口水库汛期运行水位动态控制风险图（秋汛期，50 年一遇）

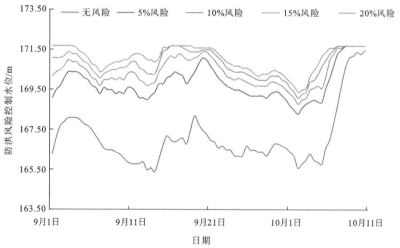

图 4.49　丹江口水库汛期运行水位动态控制风险图（秋汛期，100 年一遇）

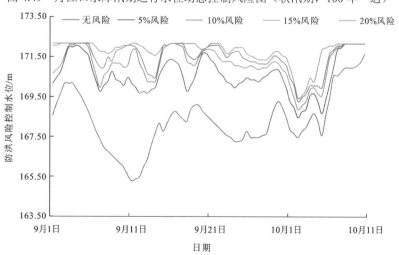

图 4.50　丹江口水库汛期运行水位动态控制风险图（秋汛期，200 年一遇）

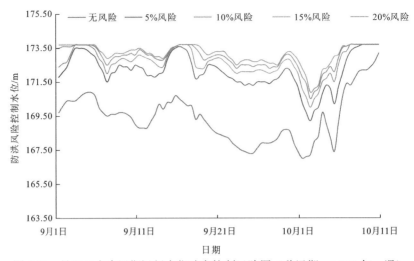

图 4.51　丹江口水库汛期运行水位动态控制风险图（秋汛期，1 000 年一遇）

从图 4.49 中可以看出，秋汛期遭遇不同类型 100 年一遇设计洪水时，无风险情况下水库最低防洪风险控制水位为 165.40 m。

从图 4.50 中可以看出，秋汛期遭遇不同类型 200 年一遇设计洪水时，无风险情况下水库最低防洪风险控制水位为 165.30 m。

从图 4.51 中可以看出，秋汛期遭遇不同类型 1 000 年一遇设计洪水时，无风险情况下水库最低防洪风险控制水位为 167.00 m。

根据秋汛期不同类型不同量级设计洪水计算的无风险情况下的丹江口水库防洪风险控制水位过程，作其下包线得到秋汛期无风险情况下丹江口水库动态控制水位过程和最低动态控制水位，如图 4.52 所示。在丹江口水库秋汛期实际防洪调度中，按照水库运行水位不超过对应时间的动态控制水位运行时，丹江口水库防洪调度风险控制目标被破坏的概率较小，即水库运行水位超其调洪最高水位和皇庄站流量超其允许泄量的风险较小，水库防洪调度风险在可接受的范围内。

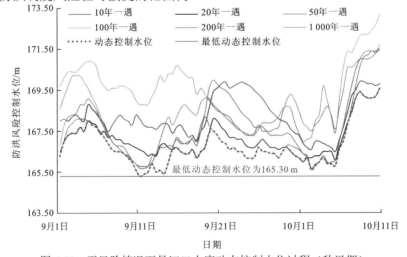

图 4.52　无风险情况下丹江口水库动态控制水位过程（秋汛期）

从图 4.52 可以看出，丹江口水库秋汛期最低动态控制水位为 165.30 m（如图中红色实线所示）。因此，结合秋汛期遭遇 1964 年型和 1983 年型不同量级设计洪水时丹江口水库运行水位可抬升至 166.70 m 的结论，秋汛期丹江口水库的运行水位抬升 1.5 m（抬升至 165.00 m）后，水库运行水位超其调洪最高水位和皇庄站流量超其允许泄量的风险较小，水库防洪调度风险在可接受的范围内。

4.7.3　初始起调水位对水库防洪风险的影响

以上研究均建立在丹江口水库初始起调水位（即夏汛期防洪限制水位 160.00 m，秋汛期防洪限制水位 163.50 m）的基础上，若调整丹江口水库的初始起调水位，将会给丹江口水库防洪调度带来不同程度的防洪风险。本小节以 0.50 m 为初始起调水位抬升间隔，对夏汛期和秋汛期的初始起调水位进行抬升，研究了不同初始起调水位、不同量级洪水下丹江口水库的防洪风险。

1）夏汛期

夏汛期 10 年一遇、20 年一遇、50 年一遇、100 年一遇、200 年一遇和 1 000 年一遇不同量级随机模拟洪水下丹江口水库不同初始起调水位对应的防洪风险率如表 4.24 所示。

表 4.24　不同初始起调水位对应的丹江口水库防洪风险率（夏汛期）

初始起调水位/m	防洪风险率/%					
	10 年一遇	20 年一遇	50 年一遇	100 年一遇	200 年一遇	1 000 年一遇
160.00	0.00	0.00	0.00	0.00	0.00	0.00
160.50	0.00	0.00	0.00	0.00	0.00	0.00
161.00	0.00	0.00	0.00	0.00	0.00	0.00
161.50	0.00	0.00	0.00	0.00	0.00	0.00
162.00	0.00	0.00	0.00	0.00	0.00	0.00
162.50	0.00	0.00	0.00	0.00	0.00	0.00
163.00	0.00	0.01	0.00	0.00	0.00	0.00
163.50	0.00	0.04	0.00	0.00	0.00	0.00
164.00	0.00	0.31	0.00	0.00	0.00	0.00
164.50	0.00	1.34	0.00	0.00	0.00	0.00
165.00	0.19	8.41	0.00	0.01	0.00	0.20
165.50	2.53	32.13	0.00	0.08	0.00	0.62
166.00	13.80	44.14	0.03	0.55	0.00	2.43
166.50	40.14	62.97	0.59	2.95	0.00	8.24

初始起调水位/m	防洪风险率/%					
	10年一遇	20年一遇	50年一遇	100年一遇	200年一遇	1000年一遇
167.00	54.87	72.19	5.08	9.41	0.00	23.56
167.50	65.56	97.13	25.84	22.10	0.01	49.53
168.00	93.75	99.77	63.64	36.30	2.41	57.34
168.50	100.00	100.00	76.05	46.62	19.74	70.02
169.00	—	—	86.23	64.21	66.40	73.30
169.50	—	—	95.37	95.66	77.90	100.00
170.00	—	—	100.00	100.00	94.32	—
170.50	—	—	—	—	100.00	—

注：10年一遇洪水下调洪最高水位取水库移民线170.00 m，其他量级洪水下调洪最高水位取《丹江口水利枢纽调度规程》中的调洪最高水位；皇庄站允许泄量见《丹江口水利枢纽调度规程》。

从表4.24可以看出，不同量级洪水下，初始起调水位抬升较小时，水库运行水位不超过其调洪最高水位，且皇庄站流量不超过其允许泄量，水库防洪调度风险较小，但随着初始起调水位的继续升高，水库运行水位超过其调洪最高水位或皇庄站流量超过其允许泄量的风险逐渐增大，即水库防洪调度风险逐渐增大。

以100年一遇洪水为例，遭遇100年一遇洪水时，丹江口水库调洪最高水位为171.70 m，初始起调水位从160.00 m抬升至164.50 m时，水库运行水位不超过其调洪最高水位，且皇庄站流量不超过其允许泄量，水库防洪调度风险在可接受的范围内；但当初始起调水位抬升至165.00 m时，防洪风险率为0.01%，这表明随机模拟的30 000场洪水中有3场洪水的丹江口水库运行水位超过了其调洪最高水位，或者皇庄站流量超过了其允许泄量，水库防洪调度风险逐渐增大；随着初始起调水位的继续抬升，水库运行水位超过其调洪最高水位和皇庄站流量超过其允许泄量的风险逐渐增大，水库防洪调度的风险逐渐超出了可接受的范围；当初始起调水位抬升至170.00 m时，水库运行水位超过其调洪最高水位和皇庄站流量超过其允许泄量的风险率为100.00%，此时在所有随机模拟的30 000场洪水下丹江口水库运行水位超过了其调洪最高水位或皇庄站流量超过了其允许泄量。

从表4.24可以看出，夏汛期丹江口水库初始起调水位从160.00 m抬升1.5~2.5 m（抬升至161.50~162.50 m）时，不同量级洪水下，水库运行水位均不超过其调洪最高水位，且皇庄站流量均不超过其允许泄量，不会增加丹江口水库和下游丹皇区间的防洪风险。

2）秋汛期

秋汛期10年一遇、20年一遇、50年一遇、100年一遇、200年一遇和1 000年一遇不同量级随机模拟洪水下丹江口水库不同初始起调水位对应的防洪风险率如表4.25所示。

表 4.25　不同初始起调水位对应的丹江口水库防洪风险率（秋汛期）

初始起调水位/m	防洪风险率/%					
	10 年一遇	20 年一遇	50 年一遇	100 年一遇	200 年一遇	1 000 年一遇
163.50	0.00	0.00	0.00	0.00	0.00	0.00
164.00	0.00	0.00	0.00	0.00	0.00	0.00
164.50	0.00	0.00	0.00	0.00	0.00	0.00
165.00	0.00	0.00	0.00	0.00	0.00	0.00
165.50	0.00	0.00	0.00	0.003	0.00	0.00
166.00	0.00	0.00	0.02	0.06	0.07	0.00
166.50	0.00	0.10	0.28	0.37	0.29	0.00
167.00	0.12	1.38	1.44	1.33	0.52	0.00
167.50	1.16	8.03	7.61	4.04	0.94	0.20
168.00	8.19	24.38	18.24	8.77	4.92	1.60
168.50	41.96	61.05	33.39	17.35	9.52	2.82
169.00	89.09	95.94	60.99	32.77	23.51	5.61
169.50	100.00	99.96	94.28	54.59	37.83	10.28
170.00	—	100.00	99.85	78.39	69.76	14.97
170.50	—	—	100.00	97.46	97.57	24.51
171.00	—	—	—	100.00	100.00	37.73
171.50	—	—	—	—	—	56.71
172.00	—	—	—	—	—	81.48
172.50	—	—	—	—	—	100.00

注：10 年一遇洪水下调洪最高水位取水库移民线 170.00 m，其他量级洪水下调洪最高水位取《丹江口水利枢纽调度规程》中的调洪最高水位；皇庄站允许泄量见《丹江口水利枢纽调度规程》。

从表 4.25 可以看出，与夏汛期类似，不同量级洪水下，初始起调水位抬升较小时，水库运行水位不超过其调洪最高水位，且皇庄站流量不超过其允许泄量，水库防洪调度风险在可接受的范围内；但随着初始起调水位的继续升高，水库运行水位超过其调洪最高水位和皇庄站流量超过其允许泄量的风险逐渐增大，水库防洪调度的风险逐渐超出了可接受的范围。秋汛期丹江口水库初始起调水位从 163.50 m 抬升至 165.00 m 时，不同量级洪水下，水库运行水位均不超过其调洪最高水位，且皇庄站流量均不超过其允许泄量，不会增加丹江口水库和下游丹皇区间的防洪风险。

综上所述，丹江口水库夏汛期初始起调水位抬升至 161.50～162.50 m，秋汛期初始起调水位抬升至 165.00 m，按水库防洪调度方式运行，水库运行水位均不超过其调洪最高水位，且皇庄站流量均不超过其允许泄量，没有增加丹江口水库和下游丹皇区间的防洪风险，丹江口水库防洪调度风险在可接受的范围内。

第 5 章　水库群供水调度方法

　　水库群供水调度旨在调节时空分布不均的天然来水，发挥水库群的水文与库容补偿作用，最大限度地满足地区各类需水要求。水库群供水调度规则是指导水库群系统运行的重要参考工具，其好坏直接影响补偿调节作用的发挥。水库群供水调度规则主要包括确定单个水库逐时段供水量的供水规则和确定蓄水量或总供水任务在不同水库之间分配量的分配水规则。获取水库群供水调度规则包括两个方面的工作：一方面要保证调度规则的形式是合理可行的；另一方面是采用的调度规则提取方法应是有效的。目前国内外有关水库群供水调度规则的绝大多数研究都围绕以上两个方面展开。然而，优化提取得到的调度规则往往是一组目标函数的非劣方案集，如何对该方案集进行评价、偏好排序及淘汰筛选，即多属性决策方面的研究还比较薄弱。本章建立的以 NSGA-II 和基于 k 阶 p 级有效概念的备选方案逐次淘汰（successive elimination of alternatives based on order k and degree p of efficiency，SEABODE）方法为基础的多目标决策方法为该问题的解决提供了新的思路。

　　多目标决策一般是指从无限方案集中找寻最佳方案。多目标决策包括备选方案集的生成和方案优选两个部分，首先需要解决备选方案集的生成问题，该部分是多目标优化问题，主要是利用多目标优化求解技术得到一定数量的非劣解（方案），即帕累托（Pareto）最优解集；然后通过建立属性集（评价指标体系）并采用一定的方式对方案进行综合排序，进而选择最佳方案，该部分为多属性决策。多目标决策过程包含以下几个步骤：①利用优化技术对多目标优化问题进行求解，得出一系列备选方案集；②依据选定的属性集，建立决策矩阵并对其进行规范化处理，然后通过某种方法确定属性的权重；③综合考虑决策专家的主观偏好，采用决策方法计算得到"综合评价指标值"；④根据"综合评价指标值"进行排序，筛选出满足工程需求的最佳方案。本章在多目标优化问题上详细介绍了性能稳定、广泛使用的 NSGA-II；在多属性决策方面，研究了 SEABODE 方法，该方法避开了上述多目标决策过程的步骤②和③，而是直接在方案评价属性值的基础上对备选方案进行筛选排序，客观性强。

5.1　多目标决策方法

5.1.1　多目标优化问题及其求解

1. 数学描述和基本概念

许多优化问题需要同时考虑多个目标，如水库（群）的优化调度一般需要考虑防洪、发电、供水、航运、生态等多方面的任务，即使是单个方面的任务如防洪，也存在水库自身和下游防洪任务，各目标函数之间往往是相互矛盾的，称为多目标优化问题。不失一般性，一个具有 n 个决策变量、m 个目标函数的多目标优化问题可表述如下（以所有目标为最小化类型为例）。

$$\begin{cases} \min \boldsymbol{y} = \boldsymbol{F}(\boldsymbol{x}) = \left(f_1(\boldsymbol{x}), f_2(\boldsymbol{x}), \cdots, f_m(\boldsymbol{x}) \right)^{\mathrm{T}} \\ g_j(\boldsymbol{x}) \geqslant 0, \qquad j = 1, 2, \cdots, J \\ h_k(\boldsymbol{x}) = 0, \qquad k = 1, 2, \cdots, K' \\ x_i^{\mathrm{l}} \leqslant x_i \leqslant x_i^{\mathrm{u}}, \quad i = 1, 2, \cdots, n \end{cases} \tag{5.1}$$

式中：$\boldsymbol{x}$ 为 n 维解向量，包含 n 个决策变量，即 $\boldsymbol{x} = (x_1, x_2, \cdots, x_n) \in \boldsymbol{X} \subset \mathbf{R}^n$，$\boldsymbol{X}$ 为 n 维的决策空间；$\boldsymbol{y} = (y_1, y_2, \cdots, y_m) \in \boldsymbol{Y} \subset \mathbf{R}^m$ 为 m 维的目标向量，$\boldsymbol{Y}$ 为 m 维的目标空间；$\boldsymbol{F}(\boldsymbol{x})$ 定义了 m 个由决策空间向目标空间的映射和同时需要优化的 m 个目标函数；$g_j(\boldsymbol{x}) \geqslant 0$（$j = 1, 2, \cdots, J$）定义了多目标优化问题的 J 个不等式约束；$h_k(\boldsymbol{x}) = 0$（$k = 1, 2, \cdots, K'$）定义了多目标优化问题的 K' 个等式约束；x_i^{l} 和 x_i^{u} 分别为决策变量 x_i 的下边界和上边界（域约束）。

多目标优化问题中，由于各个子目标之间的相互冲突和制约，所有目标不可能同时达到最优，即一个解对于某个目标来说可能是较好的，而对于其他目标来讲可能是较差的，因此，与单目标优化问题截然不同，求解多目标优化问题只能是寻找一个协调解的集合，称为帕累托最优解集或非劣解集，相关概念定义如下[66]。

定义 5.1　可行解（feasible solution）

对于某个解向量 $\boldsymbol{x} \in \boldsymbol{X}$，如果 $\boldsymbol{x}$ 满足式（5.1）中的不等式约束 $g_j(\boldsymbol{x}) \geqslant 0$、等式约束 $h_k(\boldsymbol{x}) = 0$，则称 $\boldsymbol{x}$ 为可行解。

定义 5.2　可行集（feasible set）

由 $\boldsymbol{X}$ 中所有的可行解组成的集合称为可行集，记为 $\boldsymbol{X}_{\mathrm{f}}$，且 $\boldsymbol{X}_{\mathrm{f}} \subseteq \boldsymbol{X}$。

定义 5.3　帕累托占优（Pareto-optimal or Pareto domination）

假设 $\boldsymbol{x}_{\mathrm{A}}$ 和 $\boldsymbol{x}_{\mathrm{B}}$ 是式（5.1）所示多目标优化问题的两个可行解，即 $\boldsymbol{x}_{\mathrm{A}}, \boldsymbol{x}_{\mathrm{B}} \in \boldsymbol{X}_{\mathrm{f}}$，则称与 $\boldsymbol{x}_{\mathrm{B}}$ 相比，$\boldsymbol{x}_{\mathrm{A}}$ 是帕累托占优的，当且仅当

$$[\forall i = 1, 2, \cdots, m, \quad f_i(\boldsymbol{x}_{\mathrm{A}}) \leqslant f_i(\boldsymbol{x}_{\mathrm{B}})] \wedge [\exists j = 1, 2, \cdots, m, \quad f_j(\boldsymbol{x}_{\mathrm{A}}) < f_j(\boldsymbol{x}_{\mathrm{B}})] \tag{5.2}$$

即 $\boldsymbol{x}_{\mathrm{A}}$ 的任意目标值不大于 $\boldsymbol{x}_{\mathrm{B}}$ 的对应目标值，且 $\boldsymbol{x}_{\mathrm{A}}$ 至少存在一个目标值小于 $\boldsymbol{x}_{\mathrm{B}}$ 的对应目

标值，记作 $x_A \succ x_B$，也称 x_A 支配 x_B。

定义 5.4 帕累托最优解或非支配解（Pareto-optimal solution or non-dominated solution）

一个解 $x^* \in X_f$ 被称为帕累托最优解或非支配解（也称非劣解），当且仅当 x^* 满足如下条件：

$$\neg \exists x \in X_f : x \succ x^* \tag{5.3}$$

即 X_f 中不存在支配 x^* 的可行解。

定义 5.5 帕累托最优解集（Pareto-optimal set）

由所有帕累托最优解构成的集合 P^* 称为帕累托最优解集，定义如下：

$$P^* = \{x^* \,\big|\, \neg \exists x \in X_f : x \succ x^*\} \tag{5.4}$$

定义 5.6 帕累托前沿面（Pareto-optimal front）

帕累托最优解集 P^* 中的所有帕累托最优解对应的目标向量组成的曲面称为帕累托前沿面，即

$$P_S^* = \{F(x^*) = (f_1(x^*), f_2(x^*), \cdots, f_m(x^*))^T \,\big|\, x^* \in P^*\} \tag{5.5}$$

下面以图 5.1 为例说明帕累托支配关系在二维目标空间中的表现形式。

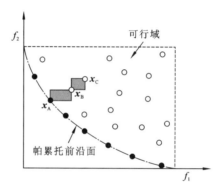

图 5.1 二维目标空间帕累托支配关系示意图

图 5.1 中，假设虚线以内的二维空间为问题的可行域，黑色实心点代表了问题的非劣解，黑色实心点所在曲线为问题的帕累托前沿面，区域内的空心点则代表了问题的劣解。对于非劣解 x_A，它支配位于其右上方的解 x_B，而解 x_B 又支配它右上方的解 x_C。解 x_A 和曲线上其他解相互之间非劣，它们之间至少有一个目标的函数值优于对方。

2. 多目标进化算法

目前求解多目标优化问题主要有两种方式：①传统方法，即通过一定方式将多目标优化问题转化为单目标优化问题进行求解，代表方法有线性加权求和法、约束法、本森（Benson）法、权重法、隶属度函数法及目标规划法等，该类方法的最大缺陷在于每一次运行只能得到特定条件下的一个解，由于多目标优化问题的目标函数和约束条件可能是非线性、不可微或不连续的，传统方法往往效率较低，特别是当问题的帕累托前沿面为凹时，传统方法不能保证找到所有帕累托最优解；②多目标进化算法，多目标进化算法

基于种群演化的群集优化方式实现了搜索的多向性和全局性，一次计算即可获得多个帕累托最优解，计算效率高，而且对于非劣前沿不规则的优化问题，多目标进化算法也可以获得一组能反映非劣前沿特性的非劣方案集。

随着智能优化理论的不断发展，多目标进化算法以其求解多目标优化问题的独特优势已成为处理多目标优化问题的主流方式和热点研究领域之一，并相继涌现出一大批算法：以帕累托解存档进化策略[67]、基于帕累托包络的选择算法（Pareto envelope-based selection algorithm，PESA）[68]及其改进算法 PESA-II[69]、强度帕累托进化算法（strength Pareto evolutionary algorithm，SPEA）[70]及其改进算法 SPEA2[71]、NSGA 的改进算法 NSGA-II[72]、小生境帕累托遗传算法（niched Pareto genetic algorithm，NPGA）的改进算法 NPGA2[73]和小生境遗传算法（micro genetic algorithm，Micro-GA）[74]等为典型的第二代多目标进化算法。在众多的多目标进化算法中，NSGA-II 是迄今为止最优秀的算法之一，在水科学领域，该算法在水文模型多目标参数率定、流域防洪系统优化设计与管理、水库群多目标优化调度等方面均取得了丰硕的应用成果。

5.1.2　NSGA-II

Srinivas 和 Deb[75]于 1994 年首次提出了 NSGA 用以解决多目标优化问题。NSGA 是一类基于帕累托占优概念的多目标进化算法，是戈德堡（Goldberg）思想最直接的体现。NSGA 与标准遗传算法（standard genetic algorithm，SGA）的主要区别在于：该算法在进行选择操作之前会根据种群个体之间的支配与非支配关系进行非支配等级分层。首先，找出种群中所有的非支配个体，并赋予它们一个共享的虚拟适应度值，得到第一个非支配最优层（rank = 1）；然后，忽略这组已分层的个体，对种群中的其他个体继续按照支配与非支配关系进行分层，得到第二个非支配层（rank = 2），同样赋予它们一个共享的虚拟适应度值，该值要小于上一层的值，对剩下的个体继续上述操作，直到种群中的所有个体都被分层；最后，算法再根据适应度共享机制对虚拟适应度值重新指定。在接下来的选择、交叉和变异等遗传运算方面，NSGA 与 SGA 基本没有区别。

虽然 NSGA 在许多问题上得到了应用，但其缺点也很明显：

（1）计算复杂度较高。NSGA 采用的非支配排序方法的计算复杂度为 $O(mN^3)$（m 为目标函数的个数，N 表示种群大小），种群规模较大时，计算耗时很长。

（2）缺乏精英保留机制。精英保留机制可以显著增强 GA 的寻优和收敛性能，同时防止进化过程中找到的优良个体丢失[76]。

（3）需要设定共享参数 σ_{share}。NSGA 保持种群多样性的机制多依靠适应度共享概念，该方法的主要问题是需要为共享参数指定恰当的值。

针对 NSGA 存在的上述缺陷，2002 年，Deb 等[72]提出了 NSGA 的改进版本——NSGA-II，与 NSGA 相比，NSGA-II 具有以下优势：①采用快速非支配排序方法，该方法可将计算复杂度由原来的 $O(mN^3)$ 降低到 $O(mN^2)$；②为标定非支配等级划分后同层中不同个体的适应度值,同时使当前帕累托前沿面中的个体能够扩展到整个帕累托前沿面,并尽可能地均匀遍布,定义了拥挤度或拥挤距离来估算某个个体周围的解密度,并采用基于拥挤距离的比较算子代替 NSGA 中的适应度共享机制;③引入了精英保留机制,经选择后参加繁殖(交叉和变异等遗传操作)的个体所产生的后代与其父代个体共同竞争来产生下一代种群,该机制有利于保持优良的个体,提高种群的整体进化水平。

1. 快速非支配排序方法

在 NSGA 中,要得到种群的第 1 层 (rank =1) 非支配集,每个个体需要和其他个体依次进行帕累托支配关系比较,计算复杂度为 $O(mN)$,遍历所有个体找出全部非支配解,总计算复杂度为 $O(mN^2)$。为了找到下一层,先忽略已分层非支配个体,对未排序个体重复上述过程即可。最坏情况下,完成种群个体的非支配分层排序所需总时间的复杂度为 $O(mN^3)$。采用快速非支配排序方法对种群 P' 进行分层排序,包括以下几步。

(1)对于某个个体 p',通过和其他所有个体 q 的两两帕累托支配与非支配关系比较,计算并记录两个信息——$n_{p'}$ 和 $S_{p'}$,$n_{p'}$ 表示种群中支配个体 p' 的个体数目,$S_{p'}$ 为个体 p' 所支配的个体的集合;

(2)识别种群中所有 $n_{p'}=0$ 的个体并将其归属于第一层 $\mathscr{F}_i$($i=1$,rank =1),称为当前层;

(3)对于当前层每个个体 p',考察它所支配的个体集 $S_{p'}$,遍历 $S_{p'}$ 中的每个个体 q,使得 $n_q=n_q-1$(支配 q 的个体已划归当前层);

(4)如果 $n_q=0$,q 放入集合 $\mathscr{H}$;

(5)$\mathscr{F}_i$ 中所有个体遍历后,将 $\mathscr{H}$ 作为当前层($i=i+1$,$\mathscr{F}_i=\mathscr{H}$,rank $=i$);

(6)对 $\mathscr{F}_i$ 重复上述分级操作(3)~(5)直至所有个体被分层($\mathscr{F}_i=\varnothing$)。

2. 拥挤度

1)拥挤度的定义

为了保持个体的多样性,NSGA-II 定义了拥挤度的概念,它指目标空间上的每一点与同一非支配等级相邻两点之间的局部拥挤距离。如图 5.2 所示,目标空间第 i 点的拥挤距离等于它在同一等级相邻的两点 $i-1$ 和 $i+1$ 在 f_1 轴与 f_2 轴距离的和,即由点 $i-1$ 和 $i+1$ 组成的矩形的两个边长之和。使用这一方法可自动调整小生境,使计算结果在目标空间比较均匀地散布,具有较好的鲁棒性。

要获得种群个体的拥挤度信息,首先需要计算每个个体的目标函数,然后依据目标函数值对种群进行非支配分层排序,再对不同层个体分别计算拥挤距离。例如,对于某一非支配层 $\mathscr{L}$,个体拥挤距离的计算步骤如下。

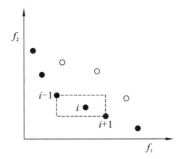

图 5.2　局部拥挤距离示意图

（1）初始化每个个体的拥挤距离，令 $\mathscr{L}[i]$distance$=0$，$i=1, 2, \cdots, l$，l 为非支配层 $\mathscr{L}$ 中的个体数目；

（2）对非支配层 $\mathscr{L}$ 中的所有个体，按第 m 个目标函数的升序排序，令 $\mathscr{L}=$sort$(\mathscr{L}, m)$；

（3）使得排序边缘上的个体具有选择优势，给定一个较大的拥挤度 $\mathscr{L}[1]$distance$=\mathscr{L}[l]$distance$=\infty$；

（4）对于排序在中间的个体，拥挤距离 $\mathscr{L}[i]$distance$=\mathscr{L}[i]$distance$+(\mathscr{L}[i+1].m-\mathscr{L}[i-1].m)$，$\mathscr{L}[i].m$ 为第 i 个个体的第 m 个目标函数的值；

（5）对于不同的目标函数，重复步骤（2）～（4）的操作。

2）拥挤度比较算子

选择算子的作用是为了避免有效基因的损失，使高性能的个体以更大概率生存，从而提高全局收敛性和计算效率。NSGA-II 使用基于拥挤度比较算子的锦标赛选择运算指导算法向均匀分布的帕累托最优前沿方向搜索。经过非支配排序和拥挤度计算，种群中的每个个体 i 都包含两个属性：非支配等级（i_{rank}）和拥挤距离（$i_{distance}$）。拥挤度比较算子通过比较随机选择的两个个体的非支配等级和拥挤距离，保留其中的优良个体，淘汰另一个较差个体，具体实现为：首先随机选择两个个体（个体 i 和个体 j），如果 i 和 j 的非支配等级不同（$i_{rank} \neq j_{rank}$），则取等级高的个体（rank 较小，即分级排序时先被分离出来的个体）；如果两个个体在同一等级上（$i_{rank} = j_{rank}$），则取稀疏区域的个体，即拥挤距离大的个体。上述比较过程也可用式（5.6）表达。

$$i \prec_n j, \quad (i_{rank} < j_{rank}) \vee [(i_{rank} = j_{rank}) \wedge (i_{distance} > j_{distance})] \tag{5.6}$$

其中，$\prec_n$ 表示个体 i 和 j 之间的偏序关系。

5.1.3　多属性决策问题及其求解

通过 NSGA-II 对多目标优化问题的求解，得到的结果是帕累托最优解集，如果不依靠其他额外评价和判断信息，每个解就多个目标函数来说已经是帕累托最优的，不存在优劣之分。但是实际应用中，从决策者的角度，这些方案都只能称为备选方案或满足目标要求的可行方案，由于方案的数目一般很多，接下来决策者需要运用一定的方法对备选方案进一步评价、排序和筛选，这个过程是多属性决策问题。

1. 基本概念

多属性决策是现代决策科学的一个重要组成部分，它在工程设计、经济、管理和军事等诸多领域中有着广泛的应用。多属性决策问题的实质是利用已有的决策信息（属性和属性权重），通过一定的方式对有限个决策方案进行优劣排序并选择最佳方案。设 $A = \{A_1, A_2, \cdots, A_{m'}\}$ 表示多属性决策问题的方案集，m' 为备选决策方案的个数，$C = \{c_1, c_2, \cdots, c_{n'}\}$ 表示多属性决策问题的属性集，n' 为属性个数；若 $X' = (a_{ij})_{m' \times n'}$ 表示决策矩阵，a_{ij} 为第 $i(i=1,2,\cdots,m')$ 个方案的第 $j(j=1,2,\cdots,n')$ 个属性值，则上述多属性决策问题可以用表 5.1 表示，多属性决策问题的目的就是要从方案集 A 中挑选出最好的方案或对方案集 A 中的各个方案按照优劣等级进行排序。实际应用中，多属性决策问题大多表现为综合评价问题，首先需要建立合适的评价指标体系，这一工作相当于确定多属性决策问题的属性集，因此，多属性决策问题也称为多指标决策问题。

表 5.1　多属性决策问题描述

方案	属性			
	c_1	c_2	$\cdots$	$c_{n'}$
A_1	a_{11}	a_{12}	$\cdots$	$a_{1n'}$
A_2	a_{21}	a_{22}	$\cdots$	$a_{2n'}$
$\vdots$	$\vdots$	$\vdots$	$\vdots$	$\vdots$
$A_{m'}$	$a_{m'1}$	$a_{m'2}$	$\cdots$	$a_{m'n'}$

在多属性决策问题中，属性有定性和定量之分，决策方案在各属性下的取值有三种情况：全部为定量值；全部为定性描述；既有定量值又有定性描述。与这三种情况相对应的多属性决策问题分别称为定量型、定性型和混合型多属性决策问题。对于后两种类型的多属性决策问题，大多数研究者通常采取的做法是先利用模糊数学方法和灰色理论量化定性属性，然后将定性型或混合型多属性决策问题转化为定量型多属性决策问题再进行求解。因此，本章主要讨论定量型多属性决策问题。在求解多属性决策问题时，由于属性之间一般都存在不可公度性和矛盾性，即属性的单位、量纲、数量级及类型不同，因而不存在通常意义下的最优解，取而代之的是有效解、满意解、正理想解、负理想解和折中解等概念，分别定义如下。

定义 5.7　有效解（efficient solution）

对于一个可行方案 A_i，如果没有任何其他可行方案能够实现在所有的属性水平上提供的结果都不比它差，且在至少一个属性水平上提供的结果比它更好，则称 A_i 为有效解或有效方案。

定义 5.8　满意解（satisfied solution）

如果可行方案 A_i 提供的结果在所有的属性水平上都能满足决策者的要求，则称 A_i 为满意解或满意方案。

定义 5.9　正理想解（positive ideal solution）

设方案 $A^+ = (a_1^+, a_2^+, \cdots, a_{n'}^+)$，$a_j^+$ 为

$$a_j^+ = \max_{\forall i} a_{ij}, \quad i = 1, 2, \cdots, m' \tag{5.7}$$

即 a_j^+ 表示第 j 个（$j = 1, 2, \cdots, n'$）属性水平上可能的最好结果，则称 A^+ 为正理想解或正理想方案。正理想解是一个不可行解，实际上并不存在，但这一概念在多属性决策理论和实践中都十分重要。

定义 5.10　负理想解（negative ideal solution）

与正理想解相反，负理想解由最坏的属性指标构成，负理想解用 $A^- = (a_1^-, a_2^-, \cdots, a_{n'}^-)$ 表示。

定义 5.11　折中解（compromise solution）

一个解被称为折中解或折中方案，如果它是离正理想解最近或离负理想解最远的可行解。

一般来讲，多属性决策问题的求解主要包含三个方面的内容，即决策矩阵的规范化、各属性权重的确定和决策方案的综合排序，如图 5.3 所示。

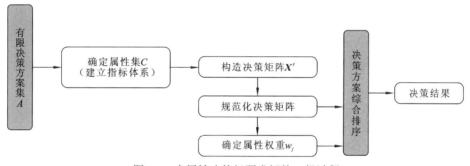

图 5.3　多属性决策问题求解的一般过程

2. 决策矩阵的规范化方法

为了消除各属性之间由不可公度性和矛盾性造成的差异对决策结果的影响，在求解多属性决策问题时，首先应对决策矩阵进行规范化处理。目前对决策矩阵的规范化没有统一的方法，不同方法各有优缺点，常用的规范化方法有向量规范化法、线性变换法、极差变换法等[77]。其中，极差变换法是目前多属性决策问题求解中用得最多的决策矩阵规范化方法，其变换式如下。

对于效益型属性，有

$$r_{ij} = \frac{a_{ij} - \min\limits_i a_{ij}}{\max\limits_i a_{ij} - \min\limits_i a_{ij}}, \quad i = 1, 2, \cdots, m', j \in \varGamma_1 \tag{5.8}$$

对于成本型属性，有

$$r_{ij} = \frac{\max_i a_{ij} - a_{ij}}{\max_i a_{ij} - \min_i a_{ij}}, \quad i = 1, 2, \cdots, m', j \in \Gamma_2 \tag{5.9}$$

式中：r_{ij} 为规范化的属性值；Γ_1、Γ_2 分别为效益型、成本型属性下标的集合。各类决策矩阵规范化方法的实质是利用一定的数学变换把量纲、性质各异的属性值转化为可以统一衡量的量。

3. 属性权重的确定方法

属性的权重大小反映了属性的相对重要性，属性越重要，则赋给它的权重应该越大，反之，则越小。大部分多属性决策综合排序方法都涉及属性权重，因此，属性权重值是否科学、合理直接关系到决策结果的可靠性和正确性。属性权重的确定方法可分为如下三类。

1）主观赋权法

主观赋权法是根据决策者（专家）经验和主观判断来确定属性权重值的方法。常用的主观赋权法有德尔斐（Delphi）法、层次分析法、模糊子集法、判断矩阵法等。利用主观赋权法确定属性权重，反映了决策者的主观意向，不同的专家得出的赋权结果一般是不同的，因而具有较强的主观随意性，客观性较差，同时增加了决策者的负担，操作难度大，应用中有很大的局限性。

2）客观赋权法

客观赋权法主要是根据原始数据之间的关系来确定权重，因此权重的客观性强，且不增加决策者的负担，方法具有较强的数学理论依据。常用的客观赋权法有主成分分析法、熵值法、离差及均方差法、多目标规划法等。相比于主观赋权法，客观赋权法完全没有考虑决策者的主观意向，因此，确定的权重可能与决策者的主观意愿或实际情况不一致。

3）组合赋权法

由于主观赋权法客观性较差，而客观赋权法所确定的属性权重有时与属性的实际重要程度相悖，于是研究者又提出了主、客观赋权法相结合的组合赋权法，该类方法主要有方程最大化赋权法、最佳协调赋权法、组合目标规划法、离差最大化赋权法、线性组合赋权法、基于相关性重要性关系准则的组合赋权法等。

4. 常用多属性决策方法（方案排序与优选）

在对决策矩阵进行规范化处理和确定了各属性的权重后，就可以对决策方案集中的备选方案进行排序和优选。目前对决策方案进行排序和优选的方法有很多，下面介绍几种常用的方法。

1）简单线性加权法

简单线性加权法的基本思路是通过对各方案的规范化属性值加权求和得到一个综合评价量，并依据其大小对可行方案进行排序，其基本步骤如下。

（1）采用合适的方法确定各决策属性的权重 w_j（ $j=1,2,\cdots,n'$ ）；

（2）对决策矩阵进行规范化处理，规范化后的矩阵为 $\boldsymbol{X}^* = (r_{ij})_{m'\times n'}$ ；

（3）求出各个方案的线性加权属性值 $p_i = \sum_{j=1}^{n'} w_j r_{ij}$ ， $i=1,2,\cdots,m'$ ；

（4）以 p_i 为判据对各个方案进行排序。

简单线性加权法操作简单、易于计算，适用于各评价属性间相互独立的情况，是目前使用最频繁的方法之一。

2）理想解相似排序法

理想解相似排序法[78]是一种基于正理想解和负理想解的概念对方案进行排序的方法，通常利用方案与正理想解间的相对贴近度来判断解的优劣。当将欧几里得（Euclidean）范数作为距离的测度时，解（方案） A_i 到正理想解 A^+ 的距离 s_i^+ 和到负理想解 A^- 的距离 s_i^- 分别为

$$s_i^+ = \sqrt{\sum_{j=1}^{n'} (b_{ij} - b_j^+)^2} \tag{5.10}$$

$$s_i^- = \sqrt{\sum_{j=1}^{n'} (b_{ij} - b_j^-)^2} \tag{5.11}$$

式中： b_{ij} 为解 A_i 第 j 个属性的规范化加权值； b_j^+ 为正理想解 A^+ 第 j 个属性的规范化加权值； b_j^- 为负理想解 A^- 第 j 个属性的规范化加权值。

此外，定义解 A_i 对正理想解 A^+ 的相对贴近度为

$$d_i^+ = s_i^- / (s_i^- + s_i^+), \quad 0 \leqslant d_i^+ \leqslant 1 \tag{5.12}$$

由式（5.12）可知，若 A_i 为正理想解 A^+ ，则 d_i^+ 为 1；若 A_i 为负理想解 A^- ，则 d_i^+ 为 0。一般来讲， d_i^+ 越接近 1，方案 A_i 越应排在前面，以方案的相对贴近度为度量对决策方案集进行优劣排序的基本步骤如下。

（1）采用合适的方法确定各决策属性的权重 w_j（ $j=1,2,\cdots,n'$ ）；

（2）对决策矩阵进行规范化处理，规范化后的矩阵为 $\boldsymbol{X}^* = (r_{ij})_{m'\times n'}$ ；

（3）计算加权标准化矩阵 $\boldsymbol{X}'' = (b_{ij})_{m'\times n'} = (w_j \times r_{ij})_{m'\times n'}$ ；

（4）确定正理想解 A^+ 和负理想解 A^- ，并根据式（5.10）和式（5.11）计算各方案到正理想解和负理想解的距离；

（5）根据式（5.12）计算方案的相对贴近度，按照相对贴近度的大小对各方案进行排序。

3）其他方法

其他决策方案综合排序与优选方法有层次分析法、消去与选择转换法、灰色关联法、基于模糊集和韦格（Vague）集等理论的决策方法等。

5. 存在的问题

通过以上简单介绍和分析不难发现，从特性上来说，上述多属性决策方法可以归为

一类，本章称之为聚合类方法，它们的共同特征是构造多属性（评价指标）的某种标量化形式并根据统一标量评价各备选方案。聚合类方法的最大缺点在于最终优选结果对决策者所采用的标量化方法（线性加权、相对贴近度等）敏感性很高，目前尚没有对标量化方法的实用性定义；此外，由于决策者的主观性，聚合类方法无法保证所有最终选择方案的合理性。

5.1.4 SEABODE 方法

本节提出一种直接对备选决策方案集进行优选的多属性决策方法——SEABODE 方法，与传统聚合类方法相比，SEABODE 方法不要求对决策矩阵进行规范化处理，也不需要确定各个属性的权重大小，而是直接从决策矩阵上判断方案优劣并逐步淘汰较差方案。SEABODE 方法基于两个强帕累托最优定理：k 阶有效和 k 阶 p 级有效 [79]。

1. 基本原理

对于方案集 $A = \{A_1, A_2, \cdots, A_{m'}\}$，假设 n' 维属性集或属性空间 $C = \{c_1, c_2, \cdots, c_{n'}\}$ 中所有属性均为定量型，类似多目标优化问题中帕累托最优解的概念，下面给出一个强帕累托最优概念——k 阶有效。

定义 5.12 k 阶有效或 k-帕累托最优（k-Pareto optimal）

方案 A_i 被称为 k 阶有效或 k-帕累托最优方案，当且仅当方案 A_i 在 n' 维属性空间 C 的所有 $\binom{n'}{k}$ 个 k 维子空间中不被任何其他方案所支配（$1 \leqslant k \leqslant n'$），记为 k-帕累托最优。

由定义 5.12 可知，帕累托最优概念实际上是 k-帕累托最优当 $k = n'$ 时的特殊情况。

利用定义 5.12 进行多属性决策的方法称为基于 k 阶有效概念的备选方案逐次淘汰（successive elimination of alternatives based on order k of efficiency，SEABOE）方法。表 5.2 是一个三维属性空间 $C(n' = 3)$ 的 5 个决策方案（$A_1 \sim A_5$），方案 $A_1 \sim A_5$ 互不支配，均为有效方案或非劣方案，下面运用 SEABOE 方法对方案 $A_1 \sim A_5$ 进行多属性决策，优选偏好方案。

表 5.2 SEABOE 方法演示实例

方案	属性空间 C		
	c_1	c_2	c_3
A_1	0.5	2.1	1 000.2
A_2	6 000	1.1	1.3
A_3	3.14	−0.2	3.76
A_4	−1.1	549	4.32
A_5	3.89	−1.1	6.23

表 5.2 中，方案 $A_1 \sim A_5$ 为三维属性空间 C 中的非劣方案集，c_1、c_2 和 c_3 表示方案的属性（最小化类型，值越小越好），从表中不难看出：

（1）对于子空间 (c_2, c_3) 而言，方案 A_2 支配方案 A_1；

（2）对于子空间 (c_1, c_2) 而言，方案 A_3 支配方案 A_2；

（3）对于子空间 (c_2, c_3) 而言，方案 A_2 和 A_3 支配方案 A_4；

（4）对于子空间 (c_1, c_3) 而言，方案 A_3 支配方案 A_5。

由（1）～（4）可知，方案 A_1、A_2、A_4 和 A_5 均在属性空间 C 的某个二维子空间被其他方案所支配，不满足定义 5.12，因此，方案 A_3 是唯一可能的 2 阶有效方案；事实上，方案 A_3 在 C 的二维子空间 (c_1, c_2)、(c_1, c_3) 和 (c_2, c_3) 中都是非支配方案，即方案 A_3 是 2 阶有效方案（$k = 2$），于是决策者可以淘汰方案 A_1、A_2、A_4 和 A_5，选择方案 A_3 为偏好方案。需要指出的是，方案 A_3 不是 1 阶有效方案（理想方案），因为方案 A_3 并不完全包含各个属性上的最小值。

采用上述 SEABOE 方法进行多属性决策时可能出现以下情况：辨识 $n'-1$ 阶有效方案后，可能一半以上的备选方案会被淘汰，然而剩余的 $n'-1$ 阶有效方案中却没有一个是 $n'-2$ 阶有效的，此时，尽管 SEABOE 方法已经帮助决策者排除了一定数目的较差方案，但是留给决策者选择的 $n'-1$ 阶有效方案的数量可能仍然很大，这就需要进一步淘汰和缩小选择范围，为此，对 SEABOE 方法进行改进得到 SEABODE 方法。下面给出另一个强帕累托最优概念——k 阶 p 级有效[77]。

定义 5.13　k 阶 p 级有效或 $[k, p]$-帕累托最优（efficiency of order k with degree p）

假设有一定数量的 $k+1$-帕累托最优方案，但它们都不是 k-帕累托最优方案，如果其中的某个方案在属性空间 C 的 p 个 k 维子空间中是非支配方案，且 $p < \binom{n'}{k}$，则称该方案为 k 阶 p 级有效方案，记为 $[k, p]$-帕累托最优。

很显然，定义 5.12 是定义 5.13 在 $p = \binom{n'}{k}$ 情况下的特殊形式。

利用定义 5.13 进行多属性决策的方法称为 SEABODE 方法，对大量的备选决策方案集，采用 SEABODE 方法选择偏好方案的过程包括以下两步：①从 $k = n'$ 开始，辨识 k-帕累托最优方案，找出所有最低阶（记为 k_{min}）有效方案；②若步骤①找到的所有 k_{min}-帕累托最优方案中没有一个是 $k_{min}-1$-帕累托最优的，则选择 $k_{min}-1$ 阶最高级（记为 p_{max}）有效方案为偏好方案。下面通过一个数值例子演示 SEABODE 方法求解多属性决策问题的过程。

2. 数值例子

表 5.3 和图 5.4 是一组三维属性空间 C（$n' = 3$，$c_1 \sim c_3$ 为最小化类型）中的方案集合 A（$A_1 \sim A_{11}$），下面给出运用 SEABODE 方法对表 5.3 中方案 $A_1 \sim A_{11}$ 进行多属性决策的具体过程。

表 5.3   SEABODE 方法演示实例

方案编号	方案名称	属性空间 C			3-帕累托最优	$[k, p]$-帕累托最优		
		c_1	c_2	c_3		[2, 1]	[2, 2]	[2, 3]
1	A_1	7.82	10.89	4.08	√	√	√（偏好方案）	
2	A_2	15.79	12.99	2.65	√	√		
3	A_3	2.74	14.90	4.43	√	√		
4	A_4	7.84	15.72	3.16	√			
5	A_5	15.57	17.46	1.76	√			
6	A_6	3.45	18.98	1.52	√	√		
7	A_7	13.09	19.61	1.27	√	√		
8	A_8	9.96	52.47	0.44	√	√		
9	A_9	3.71	70.77	0.25	√	√	√（偏好方案）	
10	A_{10}	1.17	72.78	0.74	√	√		
11	A_{11}	2.12	96.08	0.45	√	√		

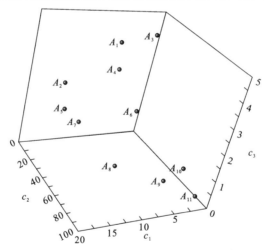

图 5.4   三维属性空间 C 中的非劣方案集

不难发现，方案 $A_1 \sim A_{11}$ 在属性空间 C 中相互不支配，即方案 $A_1 \sim A_{11}$ 是 3-帕累托最优的。例如，方案 A_1 的属性值 c_1 和 c_2 均小于方案 A_2，但方案 A_2 的属性值 c_3 小于方案 A_1，即方案 A_1 与方案 A_2 之间为非支配关系。

图 5.5 为表 5.3 中三维属性空间 C 的所有二维子空间的绘图，图中被圆圈包围的方案为相应二维子空间中的帕累托最优方案，如图 5.5 所示，方案 A_1 和 A_3 在二维子空间 (c_1, c_2) 中是帕累托最优方案；二维子空间 (c_1, c_3) 中有 3 个帕累托最优方案，分别是方案 A_9、A_{10} 和 A_{11}；二维子空间 (c_2, c_3) 中有 7 个帕累托最优方案，分别是方案 A_1、A_2、A_5、A_6、A_7、A_8 和 A_9。通过进一步分析可知，方案 $A_1 \sim A_{11}$ 中除方案 A_4 以外的其他方案均为

[2, 1]-帕累托最优方案，即它们至少在属性空间 C 的一个二维子空间中是帕累托最优方案；方案 $A_1 \sim A_{11}$ 中没有任何一个方案是[2, 3]-帕累托最优方案或 2-帕累托最优方案，即有 $k_{min} = 3$；此外，方案 A_1 和 A_9 都为[2, 2]-帕累托最优方案，那么 $p_{max} = 2$，即方案 A_1 和 A_9 为决策者最终选择的偏好方案。

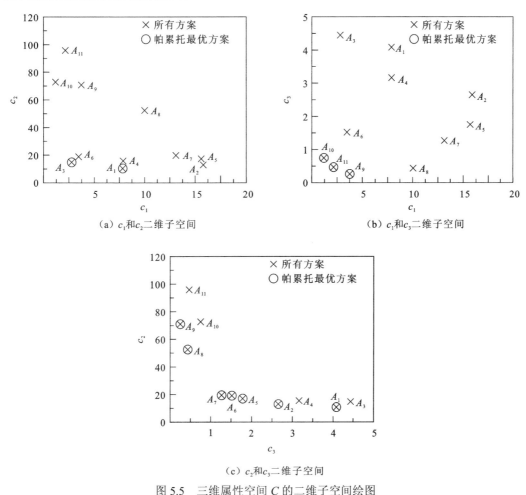

图 5.5　三维属性空间 C 的二维子空间绘图

从本小节数值演示实例的决策过程和结果可知，若采用 SEABOE 方法，则方案 $A_1 \sim A_{11}$ 中没有方案是 2-帕累托最优的，此时，无法区分方案 $A_1 \sim A_{11}$ 的优劣；若采用 SEABODE 方法，则可以淘汰 11 个方案中的 9 个，只剩下偏好方案 A_1 和 A_9 供决策者选择，极大地缩小了选择范围，说明了 SEABODE 方法的优势。

5.1.5　NSGA-II-SEABODE 方法

图 5.6 给出了构建的 NSGA-II（多目标优化）-SEABODE 方法（多属性决策）框架图，该方法的总体思路是：首先通过 NSGA-II 求解多目标优化问题，得到备选方案集 A，

然后采用 SEABODE 方法对备选方案集 A 进行排序筛选，得到最终偏好方案。根据属性集 C 的构成不同该方法的应用分为直接应用和间接应用，直接应用属性集 C 由目标函数直接构成，间接应用属性集 C 由目标函数之外的评价指标构成。

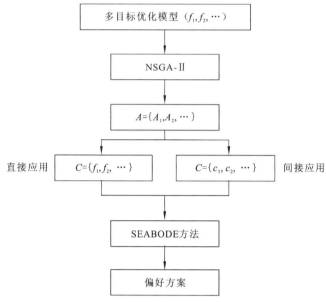

图 5.6　NSGA-II-SEABODE 方法框架图

5.2　水库群供水调度规则设计与评价

　　人多水少、水资源时空分布不均是我国的基本国情和水情。步入 21 世纪以来，随着人口数量的增长和经济社会的快速发展，工农业及居民生活等用水需求不断加大；此外，我国水资源的空间分布本就与人口、城市分布及社会经济发展的水平不相适应，加之全球气候变化条件下极端天气频发，使得我国的许多地区正面临着越来越严峻的水资源短缺问题，并且已成为制约我国经济社会协调和可持续发展的重要瓶颈。水库作为调节地表径流的主要工程手段，在区域水资源的优化配置中发挥着重要作用。然而，单个水库的调蓄能力毕竟有限，面对丰枯交替、情势多变的水文径流条件及复杂的水库发电、供水、航运等任务，传统单个水库的调度运用已无法满足经济社会的需求。此时，水库群的优化调度成为解决流域或地区水资源紧缺问题的主要途径。

5.2.1　水库群供水调度规则设计

　　本节从供水的角度探讨水库群调度规则，设计了一种由单个水库的限制供水规则（hedging rule，HR）和并联水库群共同供水任务的分配规则构成的水库群供水调度规则：

首先，分析了目前比较典型的几种单个水库的供水调度规则形式及各自的优缺点和适用范围；然后，特别针对干旱枯水条件下供水水库的运行和管理问题，提出了改进的三参数时变限制供水规则（modified three-parameter time-varying hedging rule，MHR）用于指导单个水库的供水调度操作；最后，对水库群供水系统中的并联水库群结构，采用分水比例系数法将共同供水任务分配到各个并联水库。

1. 单个水库供水调度规则分析

目前国内外对单个水库供水调度规则形式的研究较多，几种比较典型的水库供水调度规则有：标准调度策略[80]、HR[81]、线性或分段线性调度规则[82]、调度函数[83]及调度图[84]。

1）标准调度策略

图 5.7 为水库供水的标准调度策略示意图，其中 S_{t-1} 表示水库第 t 时段初的有效蓄水量，通常指水库死水位以上的可调节库容；K 表示水库的蓄水能力，一般指水库的兴利库容；I_t 表示第 t 时段水库上游天然来水量，即入库水量；E_t 表示第 t 时段由于水库蒸散发和渗漏而损失的水量，水库的供水调度一般为中长期水库调度问题，单位时段长一般为旬或月，需要考虑 E_t 的影响；WA_t 表示第 t 时段水库的可利用水量或可供水量，其定义为时段初水库的有效蓄水量加上来水量减去蒸发渗漏损失水量，可按式（5.13）计算得到；D_t 表示水库的各用水户第 t 时段目标或规划需水量的总和；R_t 表示水库第 t 时段实际供水量；SP_t 表示水库第 t 时段弃水量；水库第 t 时段的总出库水量 Q_t 为第 t 时段实际供水量和弃水量之和，即 $Q_t = R_t + SP_t$。

$$WA_t = S_{t-1} + I_t - E_t \tag{5.13}$$

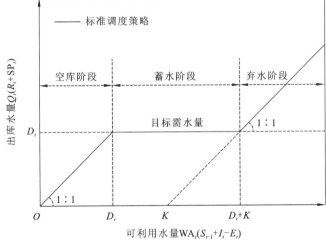

图 5.7 水库供水的标准调度策略示意图

由图 5.7 可知，对于某一时段 t，标准调度策略主要依据该时段初水库的有效蓄水量 S_{t-1} 及时段内的水库上游来水量 I_t 的大小来决定水库的放水操作，即确定水库该时段

实际供水量 R_t 和弃水量 SP_t 的大小。具体地讲，当面临时段 t 没有充足的可利用水量来满足各用水户的目标需水量（$0 \leqslant WA_t \leqslant D_t$）时，水库将放掉所有水量而变成空库（$R_t = WA_t$，$SP_t = 0$），即水库按可供水能力向各用水户供水，有多少供多少，此阶段为空库阶段；当面临时段 t 水库可利用水量过多（$WA_t > D_t$）时，水库除了完全满足各用水户的需求外（$R_t = D_t$，$SP_t = 0$），还将开始蓄存多余的水量，水库 t 时段末蓄水量为 $WA_t - D_t$，此阶段为蓄水阶段（$D_t < WA_t \leqslant D_t + K$）；当水库蓄水至最大容积 K 后（$WA_t > D_t + K$）会溢流或放掉多余水量，即产生弃水（$R_t = D_t$，$SP_t = WA_t - D_t - K$），此阶段为弃水阶段。

标准调度策略原理上简单，容易操作和实现，因此被广泛用于指导平水年或丰水年来水情况下单个水库的供水调度和运行。在平水年或丰水年径流条件下，对于以水库为主要供水源的供水系统，当调度决策者所追求的目标是极小化系统总缺水量时，标准调度策略是最优的。然而，标准调度策略仅仅只是最大限度地满足当前一个时段各用水户的目标用水需求，并不考虑未来多个时段来水条件可能偏枯的风险，其缺点也很明显：在持续干旱条件下，无论是水量不足还是水量过多时，标准调度策略均不能提供一种有预见性的减小未来缺水风险和程度的可供水量分配机制，会造成后期某一时段水量严重短缺或一系列时段严重缺水现象的发生。

2）HR

根据实际经验，在干旱少水期，为了尽量减小由正常供水得不到满足而产生的社会经济损失，一般水库调度管理的决策者宁愿有多个时段的轻微缺水或较小缺水（在用水户用水需求的弹性范围内适当地限制供水），也不愿有较少时段的严重缺水[85]；因为某一时段或少数几个时段的严重缺水所造成的社会经济损失远大于虽然缺水时段较多但每时段缺水程度较轻所造成的社会经济损失。因此，在干旱期来临之前，适当地限制供水，蓄留部分水量，是避免造成后期严重缺水的有效途径。1962 年，Bower 等[86]首次从经济学的角度对 HR 在水资源系统管理中的效用进行了论述，随着研究的不断深入，各种形式的 HR 被相继提出[87]。HR 是一类在标准调度策略的基础上改进而来的水库供水调度规则，适合于指导干旱期的水库运行和管理[88]，其基本思想是在干旱期的前期适当减少供水，能够有预见地存留部分水量以避免后期出现严重缺水现象。图 5.8 是关于各种形式的 HR 的分类情况[89]，在图 5.8（a）中，一点限制供水规则（one-point hedging rule，HR-I）、两点限制供水规则（two-point hedging rule，HR-II）及三点限制供水规则（three-point hedging rule，HR-III）均在标准调度策略中的空库阶段或空库阶段的后期及蓄水阶段的前期按一定比例限制使用水库可利用水量（斜线斜率小于 1），实现一定可利用水量的预留；图 5.8（b）中，连续型 HR 在实施限制供水时限制供水的比例是连续变化的（曲线切线的斜率变小），区间型 HR 将水库可利用水量的变化范围划分为几个区间（如区间 1 和区间 2），对不同区间设置不同的限制供水比例系数。

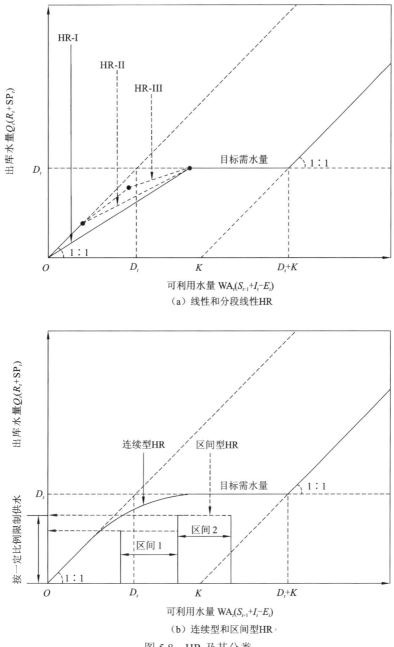

（a）线性和分段线性HR

（b）连续型和区间型HR

图 5.8　HR 及其分类

3）线性或分段线性调度规则

水库管理和设计问题中的线性调度规则的形式为

$$Q_t = S_{t-1} + \varepsilon_i \tag{5.14}$$

式中：Q_t 为水库第 t 时段（月）出库水量；S_{t-1} 为水库第 t 时段初的有效蓄水量或库容；ε_i 为待定参数（i 表示月份，$i=1,2,\cdots,12$），可通过长序列的水库模拟或优化调度结果来确定。

线性调度规则形式简单，使得水库的管理和设计类问题可以方便地使用线性规划模型进行描述且模型容易求解。因此，线性调度规则自提出之后便引起了研究者的关注，并被拓展应用到供水、防洪、发电等水库单目标或多目标优化调度问题中[90]。水库某时段的出库水量不仅与该时段初水库的有效蓄水量有关，还应与该时段内水库的来水量有关：

$$Q_t = S_{t-1} + I_t - \varepsilon_i \tag{5.15}$$

2008 年，Kim 等[91]对线性调度规则式（5.15）的概念进行了延伸，提出了如图 5.9 所示的分段线性调度规则，以最大化水库发电量和最小化水库供水短缺指数为目标建立了单个水库隐随机优化模型，并利用 NSGA-II 对模型进行求解得到了最优的水库多目标调度策略；后来，Liu 等[92]成功地将如图 5.9 所示的分段线性调度规则应用到水库的发电和供水调度中，图中 Q_{min} 和 Q_{max} 分别是出库水量的最小值与最大值，S_{min} 和 S_{max} 分别是有效蓄水量的最小值与最大值，I_{max} 为来水量峰值。

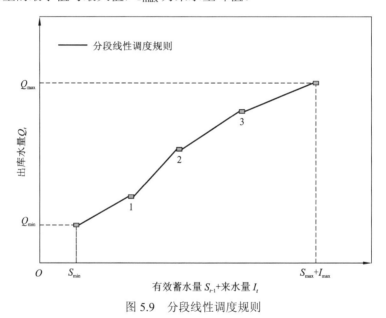

图 5.9　分段线性调度规则

2008 年，Bozorg-Haddad 等[93]在水库灌溉和发电多目标优化调度中将水库的月出库水量表示为水库月初有效蓄水量和该月入库水量的线性函数：

$$Q_t = a_i \cdot S_{t-1} + b_i \cdot I_t + \varepsilon_i \tag{5.16}$$

式中：a_i、b_i 和 ε_i 为参数。

Ahmadi 等[94]2014 年在多目标实时水库调度中也采用了式（5.16）所示的线性调度规则，并通过优化建模及求解提取了最优的规则曲线。

4）调度函数

调度函数是水库（群）供水调度规则的重要表述形式之一，其本质是一种建立在水库调度的决策变量和状态变量之间的函数关系式。通过建立面临时段水库出库水量或供水量（决策变量）与水库（群）当前蓄水量及面临时段入库水量（状态变量）之间的函数关系，可以得到水库的供水调度函数。在水库群隐随机调度中，可以认为水库 i 当前时段的出库水量 $Q_{i,t}$（包含水库 i 当前时段的实际供水量 $R_{i,t}$）是各水库当前时段初有效蓄水量 $S_{j,t-1}$（ $j=1,2,\cdots,RN$ ， RN 为水库个数）及时段内入库水量 $I_{j,t}$ 的函数[95]，即

$$Q_{i,t} = F(S_{1,t-1}, S_{2,t-1}, \cdots, S_{RN,t-1}; I_{1,t}, I_{2,t}, \cdots, I_{RN,t}) \tag{5.17}$$

当各水库第 t 时段的来水量 $I_{j,t}$ 能够较准确预报时，应用式（5.17）所示的调度函数指导水库的供水调度和运行才是合适的。对于某些流域，考虑到有时面临时段径流预报的精度难以保证，而当前时段径流与相邻时段的径流往往存在一定程度的相关关系，也可以在调度函数中引入前一时段的入库水量 $I_{j,t-1}$ 以代替面临时段的入库水量，即调度函数变为[96]

$$Q_{i,t} = F(S_{1,t-1}, S_{2,t-1}, \cdots, S_{RN,t-1}; I_{1,t-1}, I_{2,t-1}, \cdots, I_{RN,t-1}) \tag{5.18}$$

值得注意的是，对于调度函数式（5.17）和式（5.18），也可以直接用水库供水量 $R_{i,t}$ 代替出库水量 $Q_{i,t}$ 作为调度函数；在水库的发电调度中，可用水库时段出力代替 $Q_{i,t}$，用水库水位代替有效蓄水量 $S_{j,t-1}$。

利用供水调度函数指导水库（群）的调度和运行，水库的状态变量容易得到，关键是如何确定有效的调度函数形式 F。目前国内外对调度函数形式 F 的确定方法大致分为以下几类：采用多元回归分析法、基于人工智能技术的提取方法、数据挖掘等其他方法。

5）调度图

调度图作为我国常见的水库供水调度规则，是指导水库控制运行的主要工具。水库供水调度图以时间（旬或月）为横坐标，以水库水位或有效蓄水量为纵坐标，由一些控制水库有效蓄水量和供水状态的指示线将水库的兴利库容划分出不同的供水区。如图 5.10 所示，加大供水线①和限制供水线②将水库的兴利库容划分为 3 个调度区：加大供水区 III、正常供水区 I 和限制供水区 II。加大供水线①和限制供水线②一般可利用水库来水、设计用水具有较好代表性的长系列历史资料逆时序调度模拟得到。实际上，调度图仅能以库容状态变量为标识为调度人员提供水库调度定性操作（限制供水、正常供水、加大供水等）的判别依据，至于水库运用的具体细节，如限制供水操作时限制供水的程度，大部分情况都是依靠调度人员的经验。

6）其他水库供水调度规则

其他形式的水库供水调度规则包括平衡曲线法、参数式调度规则及以语言叙述方式表示的调度规则等。

2. MHR

各种形式的水库供水调度规则都有其优点和适用范围。标准调度策略一般用在平水年或丰水年水文条件下，但在干旱年份可能造成水库调度后期某一时段或一系列时段严重缺水现象的发生；线性或分段线性调度规则的形式简单，易于建模及求解，但线性调度规则假定水库出库水量和有效蓄水量间存在单一线性关系，其合理性尚待验证；调度

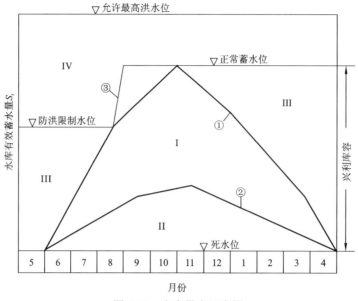

图 5.10   水库供水调度图

①为加大供水线；②为限制供水线；③为防洪调度线；

Ⅰ为正常供水区；Ⅱ为限制供水区；Ⅲ为加大供水区；Ⅳ为防洪区

函数适用于水库群的隐随机调度，多用来指导年调节或多年调节水库的运用，调度函数 F 的具体形式还需要进一步探索；调度图概念清晰，操作简单，但它只能提供定性的调度方式判断，不能精确到定量，实际的水库调度操作还需依靠调度人员的经验，存在较强主观性，结果不一定最优；平衡曲线法、参数式调度规则等其他水库供水调度规则表达直观，但相关研究还较少，理论基础尚不够成熟[97]。

对于干旱条件下水库的供水调度而言，合理可行的水库供水调度规则应回答如下两个关键问题：①在何种情况下开始限制供水，即限制供水的启动标准和停止条件；②以何种程度限制供水，即限制供水的度量。很明显，如何限制供水是供水调度规则的重点。对于限制供水的启动标准和停止条件，常利用水库可利用水量 WA，即水库有效蓄水量或水库有效蓄水量与面临时段水库来水量之和来表示。两个可利用水量的阈值参数为限制供水启动和结束的判别依据，即对用水户限制供水的启动值 SWA 和终止值 EWA，当水库的可利用水量 WA 满足条件 SWA ≤ WA ≤ EWA 时，说明水库需要实施限制供水操作。如图 5.11 所示，Srinivasan 和 Philipose[98]在 Bayazit 和 Ünal[87]研究的基础上，进一步引入限制供水系数 HF 回答了如何限制供水，即限制供水的度量问题。在图 5.11 所示的三参数（SWA、EWA 和 HF）HR 中，空库阶段的后期和蓄水阶段的前期水库的限制供水系数均等于 HF，限制供水量分别为 HF× WA 和 HF× D。

在 Srinivasan 和 Philipose[98]的研究中，参数 SWA、EWA 和 HF 被假设在年内是一组不变的数值，即年内每个旬或月都用同一个限制供水启动条件和限制供水系数。实际上，河流的水文径流不仅在年际呈现出明显的丰枯交替规律，在年内的不同时段也存在丰枯变化，因此，对年内的不同时段设置不同的限制供水启动条件和限制供水系数更为

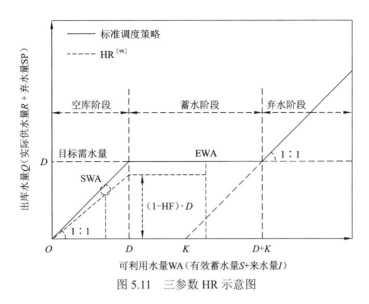

图 5.11 三参数 HR 示意图

合理。另外，空库阶段水库的水量不足，已经处在供不应求状态，此阶段的后期实行限制供水的程度理应小于蓄水阶段的前期（限制供水系数为 HF）。为了克服以上两点缺陷，本章提出了 MHR，MHR 也同时融合了 HR-II 和区间型 HR 的优点，如图 5.12 所示。

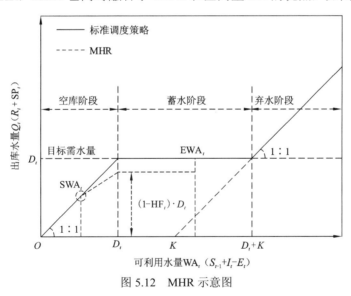

图 5.12 MHR 示意图

在图 5.12 中，WA_t 为水库第 t 时段（旬或月）可利用水量或可供水量；S_{t-1} 为水库第 t 时段初的有效蓄水量，$0 \leqslant S_{t-1} \leqslant K$，$K$ 表示水库的蓄水能力，一般指水库的兴利库容；I_t 表示水库第 t 时段上游天然来水量，即入库水量；E_t 表示第 t 时段由于水库蒸散发和渗漏而损失的水量；D_t 表示水库的各用水户第 t 时段规划或目标需水量的总和；SWA_t 为第 t 时段水库限制供水的启动参数；EWA_t 为表示第 t 时段水库限制供水终止及正常供水开始的参数；HF_t 为第 t 时段水库的限制供水系数；SWA_t、EWA_t 和 HF_t 的理论取值范围分别为 $0 \leqslant SWA_t \leqslant D_t$、$D_t \leqslant EWA_t \leqslant D_t + K$ 和 $0 \leqslant HF_t \leqslant 1$。

由图 5.12 可知，在 MHR 中，不同时段 t 都有一个限制供水启动的判别条件和限制供水系数（SWA_t、EWA_t 和 HF_t），空库阶段水库的实际限制供水系数小于蓄水阶段的 HF_t，且是随水库可利用水量 WA_t 的增大而连续变大直至 HF_t 的。水库 MHR 的数学描述如下。

（1）空库阶段，即当 $\mathrm{WA}_t \leqslant D_t$ 时，若 $\mathrm{WA}_t < \mathrm{SWA}_t$，则水库放水操作为

$$R_t = \mathrm{WA}_t, \qquad \mathrm{SP}_t = 0 \tag{5.19}$$

否则，水库放水操作为

$$R_t = \mathrm{SWA}_t + [(1 - \mathrm{HF}_t)D_t - \mathrm{SWA}_t]\frac{\mathrm{WA}_t - \mathrm{SWA}_t}{D_t - \mathrm{SWA}_t}, \qquad \mathrm{SP}_t = 0 \tag{5.20}$$

（2）蓄水阶段，即当 $D_t < \mathrm{WA}_t \leqslant D_t + K$ 时，若 $D_t < \mathrm{WA}_t \leqslant \mathrm{EWA}_t$，则水库放水操作为

$$R_t = (1 - \mathrm{HF}_t) \cdot D_t, \qquad \mathrm{SP}_t = 0 \tag{5.21}$$

否则，水库放水操作为

$$R_t = D_t, \qquad \mathrm{SP}_t = 0 \tag{5.22}$$

（3）弃水阶段，即当 $\mathrm{WA}_t > D_t + K$ 时，水库放水操作为

$$R_t = D_t, \qquad \mathrm{SP}_t = \mathrm{WA}_t - R_t - K \tag{5.23}$$

此外，水库在调度过程中还需要满足连续性方程，即

$$S_t = S_{t-1} + I_t - E_t - R_t - \mathrm{SP}_t \tag{5.24}$$

其中，如果 $S_t > K$，则取 $S_t = K$。

3. 并联水库群共同供水任务分配规则

对于单个供水水库而言，只有在已知该水库供水任务的前提下，HR 才能正常运用。然而，一个复杂的水库群供水系统中经常会出现多个并联形式的水库共同承担下游同一用水户需水任务的情形，即并联水库群向下游共同用水户联合供水的调度；此时，需要事先确定共同供水任务在各个并联水库间的具体分配方案，否则 HR 难以实施。共同供水任务分配规则有两种方式：一是直接划分供水任务至各水库；二是通过分配系统蓄水量间接分配供水任务。

将简单实用的分水比例系数法作为并联水库群共同供水任务的分配规则，其基本原理是将共同供水任务按照固定的比例分配给每个水库并由它们分别独立完成。图 5.13 为两个水库并联的供水系统（水库 1 和水库 2），其中，$R_{1,t}$ 和 $R_{2,t}$ 分别表示水库 1 和水库 2 的实际供水量，令共同用水户的目标需水量 D_t 在水库 1 和水库 2 之间的分配比例系数分别为 PE_1 和 PE_2，PE_1 和 PE_2 的大小一般可以根据水库 1 和水库 2 的兴利库容大小与上游来水的多年平均值比较设定，PE_1 和 PE_2 的和为 1，例如，若 $\mathrm{PE}_1 = 0.4$，则 $\mathrm{PE}_2 = 0.6$。共同用水户分配给水库 1 和水库 2 的虚拟独立供水任务分别为 $D_{1,t} = \mathrm{PE}_1 \cdot D_t$ 和 $D_{2,t} = \mathrm{PE}_2 \cdot D_t$。依此类推，对于水库数目超过 2 个的并联水库群结构，下游共同供水任务也可以按照上述分水比例系数法分配给各个水库。

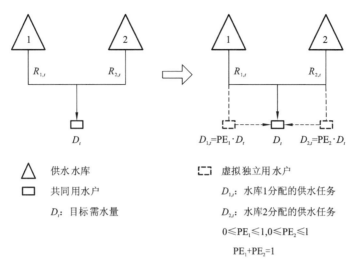

图 5.13　共同供水任务分配的分水比例系数法

5.2.2　水库群供水调度规则评价指标体系

国内外多年的水利工程建设和运行管理经验表明，干旱缺水对区域城乡生活、社会经济部门正常生产及生态环境等影响巨大，所造成的经济损失极为严重。在以水库为主要供水水源的水资源系统中，干旱缺水通常是指水库供水不能满足系统内用水户的目标需水要求。合理可行的水库（群）供水调度规则能极大限度地提高水库（群）供水系统的供水效益，减小干旱缺水事件的发生频率和程度，实现干旱损失的最小化。实际上，对干旱缺水所造成的社会经济价值损失的估算往往比较困难，因为计算这种损失不仅要鉴别供水在社会经济生产中的用途，而且要考虑不同用水户的用水效率。为了能够对干旱缺水损失程度加以度量，在水资源规划与管理研究中，常常借助一些易于评价的物理指标来描述。

1. 水库供水风险指标

描述供水水库运行性能的指标有供水可靠性 α、供水破坏恢复能力 γ（弹性）和供水破坏深度 ν（易损性或脆弱性），且 α、γ 和 ν 可构成表达水库供水风险的特征指标。

1）供水可靠性

供水可靠性一般可以定义为水库运行分析期内水库供水状态处于正常情况（即供水不发生破坏，水库供水量 R_t 等于用水户需水量 D_t）的概率或频率。通常可由正常供水时段数除以水库运行分析期总时段数得到，即

$$\alpha = 1 - \frac{\prod\limits_{t=1}^{T}(D_t > R_t)}{T} \tag{5.25}$$

式中：α 为水库供水可靠性；$\prod\limits_{t=1}^{T}(D_t > R_t)$ 为供水发生破坏的时段数；T 为水库运行分析期总时段数。

2）供水破坏恢复能力

供水破坏恢复能力的内涵包含着一旦供水发生破坏，水库供水如何快速地从破坏状态恢复到正常状态这一概念。因此，供水破坏恢复能力通常定义为：当面临时段处于供水破坏状态时，水库供水从破坏状态恢复到正常状态的条件概率。考虑可操作性，供水破坏恢复能力也可用在一定运行分析期内水库供水从破坏状态恢复到正常状态的平均频率来表示，其数学计算公式为

$$\gamma = \frac{\prod\limits_{t=1}^{T-1}(R_{t+1} = D_{t+1} \mid R_t < D_t)}{\prod\limits_{t=1}^{T}(R_t < D_t)} \tag{5.26}$$

式中：γ 为水库供水破坏恢复能力；$\prod\limits_{t=1}^{T-1}(R_{t+1} = D_{t+1} \mid R_t < D_t)$ 为水库供水从破坏状态恢复到正常状态的次数；$\prod\limits_{t=1}^{T}(R_t < D_t)$ 为水库供水处于破坏状态的时段数；T 为水库运行分析期总时段数。

3）供水破坏深度

供水破坏深度常可用单一时段水库供水破坏深度来表示。单一时段水库供水破坏深度一般可定义为水库运行分析期内单一时段最大相对缺水量。持续干旱条件下的水库供水遭到破坏是不可避免的，缺水可能同时存在于若干个时段内，单一时段水库供水破坏深度可用来衡量缺水的严重性，表达式为

$$\nu = \max\{DR_1, DR_2, \cdots, DR_T\} \tag{5.27}$$

式中：ν 为水库供水破坏深度；$DR_t = \dfrac{D_t - R_t}{D_t}$ 为第 t 时段的相对缺水量；T 为水库运行分析期总时段数。

2. 用水户缺水指标

用于评价用水户缺水的频率、强度和持续时间的物理指标主要有：缺水指数 SI[99]、改进的缺水指数 MSI[100] 和一般化缺水指数 GSI[101] 等。用水户各项缺水指标的定义分别如下。

1）SI 和 MSI

用水户的缺水指数 SI 可以反映长时序水库供水效益的损失程度，SI 的大小一般可按式（5.28）计算：

$$SI = \frac{100}{Y} \sum \left[\frac{\sum\limits_{t=1}^{12} (D_t - R_t)}{\sum\limits_{t=1}^{12} D_t} \right]^2 \tag{5.28}$$

式中：t 为计算时段，单位时段长为月；Y 为样本年数；D_t 为用水户第 t 时段的目标需水量；R_t 为水库第 t 时段的供水量；$\sum$ 表示用水户所有年份年缺水率的平方和，因此，根据式（5.28）计算得到的缺水指数 SI 也称为年缺水指数。

由式（5.28）可知，年缺水指数和年缺水率的平方成正比，它表示的是年缺水率平方的平均值，包含了年缺水的频率和强度信息。例如，在 $Y = 100$ 的长序列中，每年缺水率都为 10%、只出现 4 次年缺水率为 50% 和只出现 11 次年缺水率为 30% 这三种情况下的年缺水指数 SI 都等于 1.0。

类似 SI 的物理意义，Hsu 和 Cheng[102] 定义了改进的缺水指数：

$$MSI = \frac{100}{T} \sum_{t=1}^{T} \left(\frac{D_t - R_t}{D_t} \right)^2 \tag{5.29}$$

式中：T 为调度期总时段数，$T = 12 \times Y$ 个月。因此，MSI 也称为时段或月缺水指数。

2）GSI

除了缺水事件发生的频率，缺水的时长和强度同样是水资源规划与评价中非常重要的参考因素，缺水的时长是指缺水事件的持续时间，缺水的强度是指缺水事件的平均缺水率。同时，表征缺水的时长和强度两项特征的缺水百分天数指标 DPD 的计算公式为

$$DPD = NDC \times DDR \tag{5.30}$$

式中：NDC 为缺水事件持续的天数；DDR 为缺水事件的日平均缺水率，%。

缺水指数 SI 适合于年缺水率的计算，但是无法考虑年内具体缺水事件的时长和强度信息，缺水百分天数指标 DPD 则恰好相反，一般化缺水指数 GSI 吸取了两者的优点，其定义为

$$GSI = \frac{100}{Y} \sum_{i=1}^{Y} \left(\frac{DPDa_i}{100 \times DY_i} \right)^\beta \tag{5.31}$$

式中：β 为常指数，一般取 2；DY_i 为第 i 年的天数，取 365 或 366；$DPDa_i$ 为第 i 年所有缺水事件的 DPD 值之和。

5.3　水库群供水调度规则优选决策

5.3.1　嘉陵江流域及水库群供水系统概况

嘉陵江是长江上游左岸的一级支流，流经陕西、甘肃、四川、重庆，干流河长 1 120 km，落差为 2 300 m，平均比降为 2.05‰，流域面积为 15.98 万 km²，占长江流域面积的 9%。

嘉陵江流域水系发育，支流众多，自上而下主要支流有西汉水、白龙江、东河、西河、渠江、涪江等；按流域地形及河道特征，嘉陵江干流划分为上、中、下游，广元以上为上游，广元至合川为中游，合川至河口为下游；嘉陵江的干流在重庆合川与支流渠江、涪江相交，构成巨大的扇形水系，并向东南流经北碚汇入长江。嘉陵江干支流径流的年内分配有明显的汛期、非汛期之分，干流汛期（5~10 月）水量占年径流量的 75%~83%，非汛期（11 月~次年 4 月）水量占 17%~25%。

嘉陵江流域的水资源主要来源于降水，流域多年平均降水量为 935.2 mm。一方面，嘉陵江流域属亚热带季风气候，处于西南季风与东南季风交替影响的地区，降水在时间和空间上分布并不均衡，干支流径流变化存在时空差异性，丰枯不同步，直接影响了流域内各地区地表水资源量的分配。另一方面，嘉陵江流域内的大部分耕地主要分布在广元、南充、广安、合川等中上游地区，中下游干流沿途分布有许多重要工业城市和经济区，如重庆、广元、南充、遂宁、广安等，工业生产和居民生活用水量、耗水量较大，导致不同地区对水资源的依赖和需求程度有很大差别。以上两个方面的因素使得嘉陵江流域成为当前中国旱灾发生频繁、水资源紧缺的地区之一。中华人民共和国成立以来，多个年份（1978 年、1979 年、1997 年、2006 年、2007 年等）嘉陵江流域各地区均出现不同程度的旱情，地方用水得不到保障，严重影响生活、工农业用水，造成了巨大的经济损失。例如，1997 年特大旱灾使南充粮食和经济作物直接经济损失达 7.5 亿元左右；2006 年的特大旱情，涉及范围广，持续时间长，给流域内的农业生产和人民生活、人畜饮水造成了极大的影响。

自中华人民共和国成立以来，嘉陵江流域水资源开发利用有了很大的发展，先后进行了大规模的水利建设，修建了一批蓄、引、提水工程，为工农业及城乡生活等各方面提供了水源，在防洪抗旱等方面发挥了显著作用，有力促进了流域国民经济的发展和人民生活水平的提高。近些年，随着人口增长和经济社会的快速发展，各方面的用水需求不断加大，加剧了流域人口数量、城市分布及经济发展水平与水资源时空分布的不适应程度，使得嘉陵江流域部分地区抗御干旱能力弱、工程性缺水严重的问题日益凸显，已成为制约经济社会协调、可持续发展的重要瓶颈。

水库作为调蓄地表径流的主要工程手段，在区域水资源的优化配置中发挥着越来越重要的作用，以水库为主要水源的供水系统的合理调度，已成为解决区域水资源紧缺问题的有效非工程措施。然而，单个水库的调节能力毕竟有限，特别是遇到连续枯水年情况，仅仅依靠单个水库的供水调度，往往很难满足区域水资源利用要求。水库群联合调度可以利用水库间的库容差异及水文差异，充分发挥水库群的联合补偿作用，使有限的水资源得到更合理、更有效的利用，因而水库群联合调度研究在理论和生产实际中有着重要价值。

本节将以嘉陵江中游干支流三座大型水库（宝珠寺水库、亭子口水库和升钟水库）构成的区域水库群供水系统为研究实例，以 5.2 节设计的水库群供水调度规则为基础构建嘉陵江水库群供水调度多目标优化模型，应用 NSGA-II-SEABODE 方法提取并优选水库群供水调度规则的偏好方案，为枯水年嘉陵江水库群的供水调度和运行提供科学参考。研究实例及其结构概化如图 5.14 所示，宝珠寺水库位于白龙江干流，亭子口水库位于嘉陵江干流，升钟水库位于西河中游，表 5.4 为各水库特征参数表。

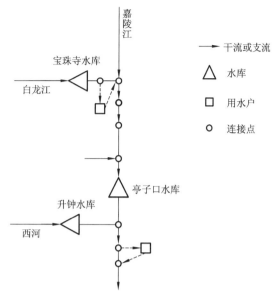

图 5.14　嘉陵江水库群供水系统结构概化图

表 5.4　各水库特征参数表

水库名称	正常蓄水位 /m	汛限水位 /m	死水位 /m	调节性能	调节库容/(亿 m³)		供水任务
					非汛期 （9 月～次年 5 月）	汛期 （6～8 月）	
宝珠寺水库	588	583	558	不完全年调节	13.40	10.58	①、②
亭子口水库	458	444.5	438	年调节	17.32	4.72	①、③
升钟水库	427.4	—	410.2	多年调节	6.72		①、③

注：①表示水库自身直供工业用水；②表示宝珠寺水库—亭子口水库区间工农业用水；③表示亭子口水库及升钟水库以下工农业用水。汛期时间的确定综合考虑了各水库调度规程中规定的汛期时间。

5.3.2　水库群供水调度多目标优化模型

设 i 和 RN 分别表示水库的编号和数目，$RN=3$，$i=1$ 表示宝珠寺水库，$i=2$ 表示升钟水库，$i=3$ 表示亭子口水库。嘉陵江水库群的供水调度规则包括单个水库的 MHR 和并联水库之间共同供水任务的分配规则（分水比例系数法），可用式（5.32）所示的方案简单表示该规则。

$$A_j = \left(\underbrace{SWA_{i,t}, EWA_{i,t}, HF_{i,t}, PE_{i,t}}_{i=1,2,3; \ t=1,2,\cdots,12} \right) \tag{5.32}$$

式中：A_j 为水库群供水调度规则的一个方案；$SWA_{i,t}$、$EWA_{i,t}$、$HF_{i,t}$ 为 i 水库 MHR 的三个参数；$PE_{i,t}$ 为并联水库 i 共同供水任务分配比例系数，实际上，只有升钟水库和亭子口水库属于并联结构，两者共同承担亭子口水库及升钟水库以下的工农业用水需求，宝珠寺水库独立承担宝珠寺水库—亭子口水库区间的工农业用水需求，$PE_{1,t}=1$。

1）目标函数

在长时序水库群供水调度过程中，优化的目标函数包括以下两个。

（1）最小化系统总供水缺水率：

$$\min f_1 = \text{TDR} = \frac{\sum_{t=1}^{T}\sum_{i=1}^{\text{RN}}(D_{i,t}-R_{i,t})}{\sum_{t=1}^{T}\sum_{i=1}^{\text{RN}}D_{i,t}} \times 100\% \tag{5.33}$$

（2）最小化单个水库时段供水任务的破坏深度：

$$\min f_2 = \text{MDR} = \max_{\forall i,t}\left\{\frac{D_{i,t}-R_{i,t}}{D_{i,t}} \times 100\%\right\} \tag{5.34}$$

式中：$D_{i,t}$ 为 i 水库第 t 时段为满足下游工农业用水需求的规划供水量；$R_{i,t}$ 为 i 水库第 t 时段对用水户的实际供水量；T 为调度期总时段数。

2）约束条件

（1）水库水量平衡方程：

$$S_{i,t} = S_{i,t-1} + I_{i,t} - R_{i,t} - \text{SP}_{i,t} - E_{i,t} \tag{5.35}$$

式中：$S_{i,t-1}$、$S_{i,t}$ 为 i 水库第 t 时段初、末有效蓄水量；$I_{i,t}$ 为 i 水库第 t 时段的来水量；$E_{i,t}$ 为 i 水库第 t 时段的蒸散发及渗漏水量；$\text{SP}_{i,t}$ 为 i 水库第 t 时段的弃水量。

（2）水库有效蓄水量不超过其蓄水能力的上、下限：

$$S_{i,t}^{\min} \leqslant S_{i,t} \leqslant S_{i,t}^{\max} \tag{5.36}$$

式中：$S_{i,t}^{\min}$、$S_{i,t}^{\max}$ 分别为 i 水库第 t 时段末的下限和上限有效蓄水量。

（3）水库供水量不小于零，此外，水库供水量不小于用水户的最小供水需求且不大于需水量：

$$R_{i,t} \geqslant 0 \tag{5.37}$$

$$D_{i,t}^{\min} \leqslant R_{i,t} \leqslant D_{i,t} \tag{5.38}$$

式中：$D_{i,t}^{\min}$ 为用水户对 i 水库第 t 时段的最小供水量要求。

（4）水库时段供水量 $R_{i,t}$ 和弃水量 $\text{SP}_{i,t}$ 的计算：各水库按照 MHR 计算 $R_{i,t}$ 和 $\text{SP}_{i,t}$。

（5）供水调度规则中参数变量的取值范围限制：

$$0 \leqslant \text{SWA}_{i,t} \leqslant D_{i,t} \tag{5.39}$$

$$D_{i,t} \leqslant \text{EWA}_{i,t} \leqslant D_{i,t} + K_i \tag{5.40}$$

$$0 \leqslant \text{HF}_{i,t} \leqslant 1 \tag{5.41}$$

$$0 \leqslant \text{PE}_{i,t} \leqslant 1 \tag{5.42}$$

其中，K_i 表示 i 水库的蓄水能力。

5.3.3 模型求解——NSGA-II

利用 NSGA-II 求解上述嘉陵江水库群供水调度多目标优化模型，提取得到水库群供水调度规则非劣方案集的具体流程如图 5.15 所示，主要步骤如下。

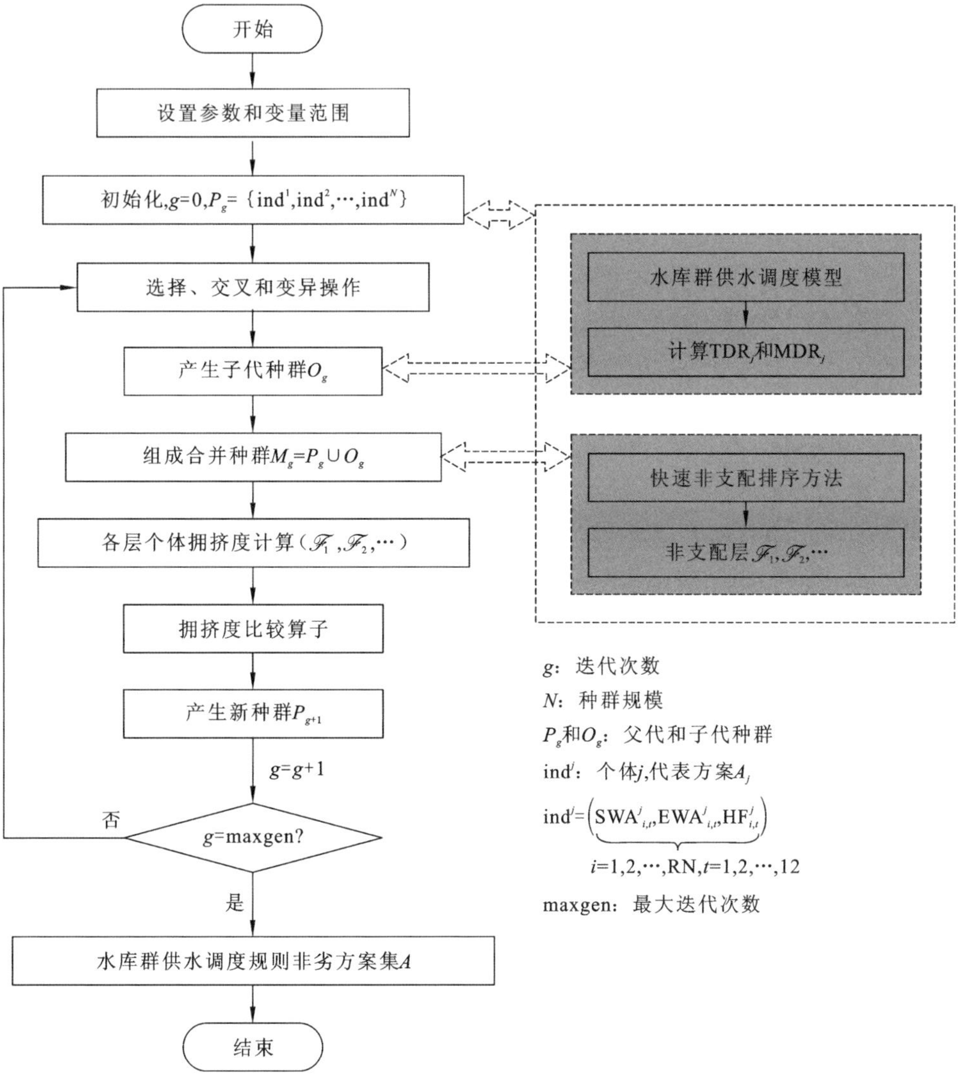

图 5.15　利用 NSGA-II 提取水库群供水调度规则非劣方案集的流程图

第 1 步：随机生成初始种群 P_g（种群规模为 N），迭代次数 $g=0$，个体 ind^j 代表一个水库群供水调度规则方案 A_j。

第 2 步：依次对父代种群 P_g 中的每个个体 ind^j 按其定义的调度规则进行水库群供水调度计算，得到对应目标函数值 TDR_j 和 MDR_j。

第 3 步：对父代种群 P_g 进行非支配分层排序（$\mathscr{F}_1, \mathscr{F}_2, \cdots$），每个个体赋予一个非支配层号（$\text{rank}=1, 2, \cdots$）。

第 4 步：对父代种群 P_g 执行选择、交叉和变异操作产生子代种群 O_g。

第 5 步：按步骤 2 评估子代种群 O_g 中每个个体的目标函数值。

第 6 步：组成合并种群 M_g，$M_g = P_g \cup O_g$（种群规模为 $2N$）。

第 7 步：对合并种群 M_g 进行快速非支配排序，识别非支配层 $\mathscr{F}_1, \mathscr{F}_2, \cdots$。

第 8 步：分别计算各个非支配层个体的拥挤度。

第 9 步：对合并种群 M_g 采用拥挤度比较算子产生新的种群 P_{g+1}。

第 10 步：令 $g = g+1$，回到步骤 4，重复步骤 4～9 直至达到最大迭代次数（$g = \text{maxgen}$）。

通过以上步骤的模型求解，可以得到一组嘉陵江水库群供水调度规则的非劣方案集 $A = \{A_1, A_2, \cdots, A_N\}$。

5.3.4　调度规则优选——SEABODE 方法

如图 5.16 所示，应用 5.1 节提出的 NSGA-II-SEABODE 方法提取嘉陵江水库群供水调度规则方案并进一步对方案进行偏好排序的多目标决策过程包括以下三个阶段。

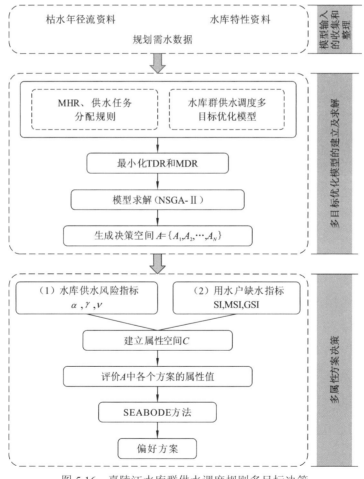

图 5.16　嘉陵江水库群供水调度规则多目标决策

（1）模型输入的收集和整理，包括枯水年径流资料、水库特性资料、规划需水数据等；

（2）多目标优化模型的建立及求解，利用 NSGA-II 对嘉陵江水库群供水调度多目标优化模型进行求解，获得非劣方案集，生成决策空间 $A=\{A_1,A_2,\cdots,A_N\}$；

（3）多属性方案决策，依据 5.2 节建立的水库群供水调度规则评价指标体系构建属性空间 C，采用 SEABODE 方法对各个备选方案进行评价、淘汰，优选出最终偏好方案。

5.4　实例应用与结果

5.4.1　枯水典型年划分

北碚站是嘉陵江流域的总控制站，距离河口 61 km，控制流域面积 156 142 km^2，该站的水文径流特性能较好地反映嘉陵江流域整体的水量丰枯情况。利用北碚站 1959～2008 年共 50 年的长序列逐月平均流量资料进行水文频率分析与计算并划分丰、平、枯水年。根据北碚站年径流量的 P-III 型频率曲线适线结果，年径流量 W 的多年平均值为 646.37 亿 m^3，变差系数 $C_v=0.29$，偏态系数 $C_s=2C_v$。按照参考文献[103]中的方法，采用一定设计保证率的年径流量作为划分径流丰、平、枯水年的标准，见表 5.5，其中，W_i 为北碚站某一年的年径流量，P 为设计保证率（%），根据表 5.5 中北碚站丰、平、枯水年的划分标准，可直接判别出丰、平、枯水年。

表 5.5　北碚站丰、平、枯水年划分标准

丰、平、枯级别		设计保证率	年径流量/（亿 m^3）
丰水年	特丰水年	$P\leqslant12.5\%$	$W_i\geqslant865$
	偏丰水年	$12.5\%<P\leqslant37.5\%$	$688.9\leqslant W_i<865$
平水年		$37.5\%<P\leqslant62.5\%$	$571.4\leqslant W_i<688.9$
枯水年	偏枯水年	$62.5\%<P\leqslant87.5\%$	$439.5\leqslant W_i<571.4$
	特枯水年	$P>87.5\%$	$W_i<439.5$

图 5.17 为北碚站枯水年的划分结果，共 20 个枯水典型年份，包含 4 个特枯水年（1996 年、1997 年、2002 年、2006 年）和 16 个偏枯水年（1959 年、1960 年、1969 年、1970 年、1971 年、1972 年、1977 年、1978 年、1979 年、1986 年、1991 年、1994 年、1995 年、1999 年、2001 年、2004 年），这 20 个枯水典型年的径流资料将作为宝珠寺水库、升钟水库和亭子口水库的来水。按月将 1 年分为 12 个调度时段，则模型调度期总时段数为 $T=12\times20=240$。

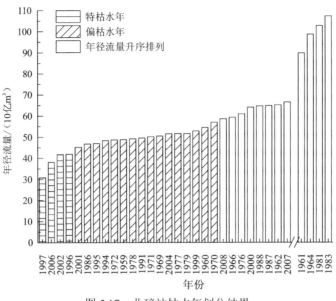

图 5.17 北碚站枯水年划分结果

5.4.2 规划水平年设计用水

根据《长江流域综合规划（2012—2030 年）》中对嘉陵江干流广元以上和嘉陵江干流广元以下等水资源三级区在各规划水平年的设计水资源配置方案，表 5.6 给出了 2020 年（$P=75\%$）用水户对各水库的设计总用水需求数据，表 5.6 中，来水量为 20 个枯水典型年的径流资料的平均值，为了便于计算，升钟水库和亭子口水库共同供水任务的分配比例系数分别设为 $\mathrm{PE}_{2,t}=0.3$，$\mathrm{PE}_{3,t}=0.7(t=1,2,\cdots,T)$。

表 5.6 各水库枯水年（$Y=20$）平均来水量及 2020 年（$P=75\%$）设计供水任务

月份	来水量/(m³/s)			需水量/(m³/s)		
	宝珠寺水库	升钟水库	亭子口水库	宝珠寺水库	升钟水库	亭子口水库
1	202.3	106.1	257.7	39.5	106.4	159.6
2	180.3	92.5	197.1	51.2	111.3	167.0
3	185.8	101.3	230.3	48.4	114.4	171.6
4	289.7	184.7	415.9	52.9	98.3	147.4
5	472.8	301.2	670.6	54.9	291.9	437.9
6	532.7	345.3	686.1	67.6	237.7	356.5
7	754.9	502.7	1 691.3	54.2	179.1	268.7
8	684.6	537.8	1 266.4	49.7	169.1	253.6

续表

月份	来水量/（m³/s）			需水量/（m³/s）		
	宝珠寺水库	升钟水库	亭子口水库	宝珠寺水库	升钟水库	亭子口水库
9	681.6	508.7	1 342.9	33.9	78.6	117.9
10	512.4	350.1	653.0	39.6	72.4	108.6
11	318.6	200.1	467.8	41.0	86.1	129.1
12	222.9	132.2	317.5	39.8	127.0	190.5

5.4.3　调度规则方案集

1）变量搜索范围

水库 MHR 中限制供水系数 HF 的理论取值范围为 [0,1]。实际上，用水户的用水需求是有一定弹性的，在弹性范围内用水户可以通过节水和其他某些措施缓解水库供水不足，少量的缺水一般不会造成大的损失，但超出用水户弹性范围的深度缺水却会造成重大经济损失，如工厂停产、农业绝收等。因此，$HF_{i,t}$ 的取值不宜过大，本章研究中 $HF_{i,t}$（$i=1,2,\cdots,RN$；$t=1,2,\cdots,T$）的搜索范围设为 [0.1,0.3]，各水库限制供水的启动和终止判别参数 $SWA_{i,t}$ 和 $EWA_{i,t}$ 的搜索范围分别设为 $[0.1D_{i,t},0.9D_{i,t}]$ 和 $[1.1D_{i,t},D_{i,t}+K_i]$。对于单个水库，MHR 的参数个数为 $3\times12=36$，嘉陵江水库群供水调度多目标优化模型的总变量个数为 108（水库数目 RN = 3）。

2）NSGA-II 基本参数设置

利用 NSGA-II 求解上述嘉陵江水库群供水调度多目标优化模型时，算法的各项基本参数设置如下：种群规模 $N=100$，最大迭代次数 maxgen = 1 000，交叉概率 $p_c=0.9$，变异概率 $p_m=1/108$，交叉分布指数 $\eta_c=20$，变异分布指数 $\eta_m=20$。同时，采用改进的 AGA 对 TDR 和 MDR 分别进行单目标优化计算，搜索 TDR 和 MDR 的边缘极小值。

3）优化结果

通过改进的 AGA 对嘉陵江水库群供水调度规则的单目标优化计算（最小化 TDR 或 MDR），得到 TDR 和 MDR 的极小值，分别为 8.29% 和 34.41%，目标函数的平均收敛过程如图 5.18 所示，从图 5.18 中可以看到，在平均迭代 50 次左右时，改进的 AGA 基本收敛，问题的求解效率较高。

通过 NSGA-II 对嘉陵江水库群供水调度多目标优化模型的 1 次求解，得到了枯水年嘉陵江水库群供水调度规则的非劣方案集，即决策空间 $A=\{A_1,A_2,\cdots,A_{100}\}$，如图 5.19 所示，决策空间 A 中备选方案的目标函数 TDR 的取值在 8.38% 和 10.05% 之间均匀分布，目标函数 MDR 的取值在 34.73% 和 62.50% 之间均匀分布，说明了 NSGA-II 在求解该多目标优化问题时的有效性。

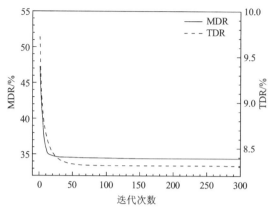

图 5.18　改进的 AGA 单目标优化平均收敛过程（50 次运行）

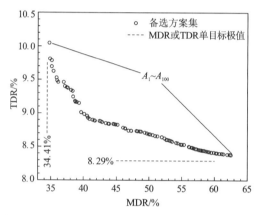

图 5.19　嘉陵江水库群枯水年供水调度规则的非劣方案集（1 次运行）

5.4.4　调度规则方案优选

通过 NSGA-II 的 1 次运行，即可找到实例水库群供水系统（宝珠寺水库、升钟水库、亭子口水库）对目标函数 MDR 和 TDR 的非劣方案集，即枯水年径流条件下三个水库的优化供水调度规则备选方案集 $A = \{A_1, A_2, \cdots, A_{100}\}$。在枯水年条件下，水库调度管理决策者将从备选方案集 A 中选择偏好方案指导各个水库的调度操作，很明显，如果不依据其他客观方案评价信息，可供决策者选择的方案数量和范围仍然很大（每个水库有 100 种选择），偏好方案的选择主观性很强。因此，为了进一步淘汰部分较差方案，本节选择 5.2 节中的水库供水风险指标体系（供水可靠性 α、供水破坏恢复能力 γ 和供水破坏深度 ν）和一般化缺水指数 GSI 构成水库供水调度规则方案评价的四维属性空间 $C = \{\alpha, \gamma, \nu, \text{GSI}\}$，并采用 5.1 节提出的多属性决策方法——SEABODE 方法对备选方案集 A 中的 100 个方案进行进一步的排序、淘汰和偏好选择。需要注意的是，供水可靠性 α 和供水破坏恢复能力 γ 为最大化类型属性指标；供水破坏深度 ν 和一般化缺水指数 GSI 为最小化类型属性指标。

对于 A 中的 100 个方案，分别计算宝珠寺水库、升钟水库和亭子口水库属性空间 C 中 4 个评价指标的值并将统计结果列于表 5.7。从表 5.7 中可以看到：①按调度规则方案 $A_1 \sim A_{100}$ 指导宝珠寺水库在枯水年下的供水操作，水库的供水可靠性 α 和供水破坏恢复能力 γ 均为 1，水库的供水破坏深度 ν 和用水户的一般化缺水指数 GSI 等于 0，这说明宝珠寺水库在枯水年能完全满足规划供水需求，水库对方案 $A_1 \sim A_{100}$ 不存在偏好选择；②相比之下，升钟水库和亭子口水库供水性能的 4 个评价指标的值受不同方案的影响存在波动。因此，下面应用 SEABODE 方法分别对升钟水库和亭子口水库从备选方案集 A 中筛选出对应的偏好方案。

表 5.7　备选方案集 A 中各水库评价指标统计结果

水库名称	项目	四维属性空间 C			
		$1-\alpha$	$2-\gamma$	$3-\nu$	$4-\text{GSI}$
宝珠寺水库	变化范围	1	1	0	0
	标准差	—	—	—	—
升钟水库	变化范围	[0.588, 0.825]	[0.232, 0.513]	[0.346, 0.494]	[0.204, 0.661]
	标准差	0.072	0.074	0.049	0.133
亭子口水库	变化范围	[0.583, 0.850]	[0.250, 0.552]	[0.347, 0.625]	[0.464, 1.517]
	标准差	0.091	0.101	0.084	0.313

表 5.8 给出了四维属性空间 C 及其三维子空间中升钟水库和亭子口水库供水调度规则的帕累托最优方案个数统计结果。从表 5.8 中可以看到：①对于升钟水库而言，方案 $A_1 \sim A_{100}$ 在四维属性空间 C 中只有 43 个方案是帕累托最优的（4-帕累托最优），于是另外的 57 个方案可以淘汰，相当于升钟水库偏好方案的选择范围缩小了 57%；②对于亭子口水库而言，方案 $A_1 \sim A_{100}$ 在四维属性空间 C 中有 64 个方案是帕累托最优的（4-帕累托最优），另外 36 个方案被淘汰，亭子口水库偏好方案的选择范围缩小了 36%。为了进一步缩小决策者的选择范围，选出具有代表性的偏好方案，表 5.9 给出了应用 SEABODE 方法分别对升钟水库和亭子口水库的 43 个和 64 个 4-帕累托最优方案集进行排序的结果。从表 5.9 中可知，随着方案有效程度（p 级）的提高，偏好方案的数目减少或者不变，以升钟水库为例，当 $[3, p]$-帕累托最优方案的级别从 1 至 4 时，偏好方案的个数从 43 减少到 1，其中，$[3, 4]$-帕累托最优方案 A_9 为升钟水库的最终偏好方案，即 $k_{\min} = 4$，$p_{\max} = 4$。通过同样的方法和分析，亭子口水库最终选择的偏好方案为 A_{31}，方案 A_{31} 为 $[2, 5]$-帕累托最优方案，即 $k_{\min} = 3$，$p_{\max} = 5$。

表 5.8　属性空间 C 及其三维子空间中帕累托最优方案个数

水库	(1-2-3-4)	(1-2-3)	(1-2-4)	(1-3-4)	(2-3-4)
升钟水库	43	2	19	39	43
亭子口水库	64	3	20	64	62

注：1 为 α，2 为 γ，3 为 ν，4 为 GSI。

表 5.9 升钟水库和亭子口水库[k, p]-帕累托最优方案结果

水库	4-帕累托最优	[k-p]-帕累托最优									
		[3, 1]	[3, 2]	[3, 3]	[3, 4]	[2, 1]	[2, 2]	[2, 3]	[2, 4]	[2, 5]	[2, 6]
升钟水库	43	43	42	17	1 (A_9)	38	16	8	1	1	0
亭子口水库	64	64	64	18	3	59	16	9	3	1 (A_{31})	0

注：(·) 为最终选择的偏好方案。

表 5.10 是升钟水库和亭子口水库供水调度规则偏好方案下 20 个典型枯水年模拟调度结果和 MDR 或 TDR 单目标优化结果的对比。从表 5.10 中可以看到，相对于单目标优化结果，方案 A_9 可以使升钟水库和亭子口水库的供水可靠性 α 和供水破坏恢复能力 γ 增大；按方案 A_{31} 调度运行，升钟水库和亭子口水库的供水破坏深度 ν 介于单目标优化极值区间。

表 5.10 偏好方案结果

目标函数或指标		MDR 单目标优化结果	TDR 单目标优化结果	NSGA-II-SEABODE 方法	
				A_9	A_{31}
目标函数	MDR/%	34.41	68.76	62.50	46.87
	TDR/%	18.29	8.29	8.38	8.74
升钟水库	α	0.458	0.717	0.825	0.813
	γ	0.315	0.294	0.452	0.489
	ν	0.337	0.484	0.494	0.457
	GSI	2.476	0.387	0.204	0.217
亭子口水库	α	0.325	0.829	0.850	0.758
	γ	0.210	0.439	0.528	0.552
	ν	0.344	0.688	0.625	0.469
	GSI	3.964	0.425	0.464	0.810

表 5.11 为对应各偏好方案的升钟水库和亭子口水库 MHR 参数取值情况。

表 5.11 偏好方案 MHR 参数取值

	A_9						A_{31}					
t	升钟水库			亭子口水库			升钟水库			亭子口水库		
	SWA	EWA	HF	SWA	EWA	HF	SWA	EWA	HF	SWA	EWA	HF
1	0.41	3.88	0.16	1.45	9.10	0.26	0.54	4.39	0.16	2.41	20.64	0.26
2	1.87	3.26	0.13	0.66	14.43	0.12	1.92	3.53	0.14	0.93	17.59	0.28
3	0.52	4.23	0.13	0.74	9.22	0.16	0.59	5.17	0.13	0.90	10.43	0.22

t	A_9						A_{31}					
	升钟水库			亭子口水库			升钟水库			亭子口水库		
	SWA	EWA	HF	SWA	EWA	HF	SWA	EWA	HF	SWA	EWA	HF
4	0.74	3.50	0.10	1.66	6.50	0.28	0.95	3.56	0.11	1.87	15.31	0.30
5	6.73	11.20	0.10	7.52	23.64	0.12	6.64	11.28	0.10	8.13	23.70	0.26
6	6.36	7.83	0.10	14.86	18.17	0.10	6.36	7.83	0.10	14.86	18.17	0.10
7	4.75	5.87	0.10	3.17	14.16	0.10	4.75	5.90	0.10	3.51	14.35	0.10
8	0.82	5.41	0.10	3.17	12.84	0.10	1.25	5.58	0.10	3.38	13.01	0.17
9	0.19	4.43	0.13	0.53	6.35	0.22	1.41	4.87	0.15	0.68	7.69	0.21
10	0.19	2.44	0.12	1.80	6.44	0.25	0.26	2.61	0.13	1.83	6.78	0.30
11	0.23	2.59	0.11	0.62	5.54	0.17	0.29	3.88	0.18	0.70	6.00	0.29
12	1.51	5.03	0.13	7.39	9.11	0.10	1.83	5.02	0.13	7.39	9.12	0.10

考虑到 NSGA-II 的随机性，表 5.12 给出了 NSGA-II 对嘉陵江水库群供水调度规则多目标优化模型运行求解 10 次后，应用 SEABODE 方法分别对升钟水库和亭子口水库从每次运行生成的备选方案集 A 中筛选出对应的偏好方案的结果。从表 5.12 中可以看到，对于每个水库，SEABODE 方法总能从 NSGA-II 每次运行提取的备选方案集 A 中优选出最优的偏好方案或少数偏好方案集，极大程度地减少了决策者的选择范围，避免了人为主观性。

表 5.12　NSGA-II 多次求解各水库的 $[k, p]$-帕累托最优方案结果

次数	水库	4-帕累托最优	$[k\text{-}p]$-帕累托最优									
			[3, 1]	[3, 2]	[3, 3]	[3, 4]	[2, 1]	[2, 2]	[2, 3]	[2, 4]	[2, 5]	[2, 6]
1	升钟水库	34	34	34	18	2	34	18	7	2	**1**	0
	亭子口水库	68	68	62	15	2	55	14	10	3	**2**	0
2	升钟水库	35	35	33	18	3	31	22	12	4	**2**	0
	亭子口水库	57	57	57	**15**	0	55	17	8	1	0	0
3	升钟水库	32	32	30	13	**1**	30	14	8	3	0	0
	亭子口水库	52	52	49	**18**	0	49	18	10	1	0	0
4	升钟水库	29	29	27	11	**1**	27	11	4	1	1	1
	亭子口水库	63	63	60	**12**	0	60	13	9	2	0	0
5	升钟水库	37	37	35	16	3	34	16	9	3	**1**	0
	亭子口水库	57	57	51	16	**1**	51	16	8	2	1	0

次数	水库	4-帕累托最优	[k-p]-帕累托最优									
			[3, 1]	[3, 2]	[3, 3]	[3, 4]	[2, 1]	[2, 2]	[2, 3]	[2, 4]	[2, 5]	[2, 6]
6	升钟水库	35	35	27	14	3	26	17	7	3	**1**	0
	亭子口水库	53	53	53	18	**1**	53	27	10	3	0	0
7	升钟水库	32	32	31	8	**1**	31	13	4	1	1	0
	亭子口水库	50	50	48	15	**1**	49	17	10	2	0	0
8	升钟水库	31	31	31	12	**1**	31	21	11	5	0	0
	亭子口水库	42	42	42	18	**1**	40	16	8	2	1	0
9	升钟水库	34	34	33	18	**1**	31	22	8	2	0	0
	亭子口水库	70	70	69	22	**1**	68	28	9	2	0	0
10	升钟水库	31	31	29	17	4	28	18	10	4	**2**	0
	亭子口水库	44	44	44	**17**	0	44	18	10	2	0	0

注：粗体为最终选择的偏好方案（集）。

第 6 章

河流栖息地模型研究

长江水资源丰富、生境类型多样，是世界水生生物多样性最为典型的河流之一；流域内育有中华鲟、白鲟、江豚等国家级保护动物，分布着"四大家鱼"、鲥等众多鱼类产卵场，是我国重要的生态宝库。河流水文情势是维系水生态系统功能和结构的主要驱动力[104]，水文情势的变化会改变水体中的物质交换和能量转移过程，影响水生生物与外部环境之间的相互作用，包括区域动植物群落的分布及水生生物的栖息繁衍行为等[105]，从而干扰水体中现有的平衡，导致水生态系统退化。水生态环境的评估与修复是近年来长江大保护的主要工作，鱼类是水生态系统的顶级群落，对环境的变化极为敏感，是河流生境保护的主要研究目标[106]。在气候变化和人类活动的共同影响下，不同影响因子对水生态系统的影响程度和影响方式发生了变化，如何正确评估河道多因子复杂水文情势变异的程度，量化非一致性的水文条件与生物栖息繁衍适宜度的关系，是变化环境下水生态环境评估与修复研究的重要内容。

针对上述问题，本章运用宜昌站日流量和水温数据，研究了三峡-葛洲坝梯级水库联合运行对下游河道水文情势变异的影响。在此基础上，以长江珍稀水生物种中华鲟为指标物种，综合考虑河道流量和水温对产卵期适宜栖息地面积的影响，分析了中华鲟适宜产卵时间的变化，最后在传统物理栖息地模型的基础上引入广义可加模型建立了水文序列与中华鲟适宜栖息面积的量化关系，为水库群生态调度和长江生态修复提供了技术支撑。

6.1 变化环境下的河流栖息地影响研究

6.1.1 河流生态水文指标

水文情势是指各类水文要素随时间、空间的分布和变化情况。水文变化指标（indicators of hydrologic alteration，IHA）法将水文站长系列的日流量观测数据转化为一种与生态相关的多参数水文指标体系，可以用来评价在人类活动影响下河流水文情势的变化程度[107]。IHA 法采用 5 组共 33 个水文指标描绘河道流量的幅度、频率、历时、出现时间和改变率等多种统计变化特征，这些水文指标对于河流的物理生境条件、水生植物的生长和水生动物的栖息繁衍等具有重要的生态意义，IHA 法具体水文指标分组及其生态影响如表 6.1 所示。

表 6.1　IHA 法水文指标分组及其生态影响

参数分组	水文指标	生态影响
第一组： 月中值流量	各月的中值流量	水生生物栖息地适宜度； 植物土壤湿度适宜性； 陆生动物水资源获取及可靠性； 哺乳动物的食物供给； 生物筑巢可能性； 水体中的水温、含氧量及光合作用
第二组： 年极值流量大小	年最小 1 日平均流量 年最小 3 日平均流量 年最小 7 日平均流量 年最小 30 日平均流量 年最小 90 日平均流量 年最大 1 日平均流量 年最大 3 日平均流量 年最大 7 日平均流量 年最大 30 日平均流量 年最大 90 日平均流量 断流日数 基流指数	生物间竞争与忍受的平衡； 植物散布条件； 水生态系统的生物与非生物因素； 河道地形与栖息地物理条件； 植物所需土壤含水压力； 动物脱水； 植物厌氧胁迫； 河道与洪泛区物质交换的量； 较差水环境状况持续时间； 湖泊、水塘及洪泛区植物分布
第三组： 年极值流量出现时间	年最大流量出现时间 年最小流量出现时间	生物生命周期； 对生物不利影响的预测和规避； 洄游性鱼类的产卵信号； 生物演变与行为机制
第四组： 高低流量脉冲的频率和历时	高脉冲次数 高脉冲历时 低脉冲次数 低脉冲历时	植物所需土壤含水压力的量及频率； 植物厌氧压力的频率和历时； 洪泛区水生生物栖息地适宜度； 河流与洪泛区的营养和有机物交换； 土壤矿物可用性； 水鸟捕食、栖息及繁殖场所的效用性； 影响河床泥沙运输和沉积物
第五组： 水流条件改变率及频率	涨水均值 落水均值 逆转次数	植物干旱胁迫； 有机物的截留； 低流动性区域生物的干旱胁迫

通常采用变动范围法（range of variability approach，RVA）评估水文指标受影响前后的变化程度[108]。本章以各水文指标的 75% 和 25% 分位线作为 RVA 目标的上下限，定义水文改变度，计算公式如下：

$$D_i = \frac{N_i - N_e}{N_e} \times 100\%$$ （6.1）

式中：D_i 为第 i 个水文指标的水文改变度；N_i 为第 i 个水文指标受影响后落入 RVA 目标范围内的年数；$N_e = rN_t$ 为受影响后预期落入目标范围内的年数，N_t 为受影响后径流观测总年数，r 为受影响前水文指标落入目标范围内的年份比例。

当 $0 \leqslant |D_i| < 33\%$ 时，河道水文情势受到低度改变，当 $33\% \leqslant |D_i| \leqslant 67\%$ 时为中度改变，

当 67%<$|D_i|$≤100%时则为高度改变。为综合评价河道流量的总体变化情况，可以采用水文指标的整体水文改变度 D_0，计算公式如下：

$$D_0 = \sqrt{\frac{1}{33}\sum_{i=1}^{33}D_i^2}$$ （6.2）

6.1.2　栖息地统计模型

栖息地模拟是研究变化环境对河流水生态环境影响的重要手段，传统的物理栖息地模型主要通过模拟栖息地的水动力条件，建立流量与适宜栖息面积的单变量关系，从而推求适宜生物栖息的生态流量。然而，在变化环境下，由于河流水文情势的变化，生态影响因子对栖息地的影响程度和影响方式也发生了变化，适宜栖息面积受到了多因子的综合影响。因此，在传统物理栖息地模型的基础上，引入广义可加模型对水生生物栖息地进行多元统计评价，建立变化环境下的水文序列与适宜栖息面积之间的量化关系，提出了栖息地统计模型。

栖息地统计模型由三个子模型组成，分别是：水动力模型、栖息地模型和广义可加模型。首先采用水动力模型计算研究区域内水动力条件的空间分布情况，将计算结果结合水温数据导入栖息地模型中，计算研究区域各网格单元的综合适宜度和整体适宜栖息面积，最后根据计算得到的适宜栖息面积，以模型输入的水文序列为协变量，建立广义可加模型，定量分析研究区域在变化环境下的适宜栖息面积变化情况。栖息地统计模型的结构如图 6.1 所示，下面将详细介绍栖息地统计模型中三个子模型的构造方法。

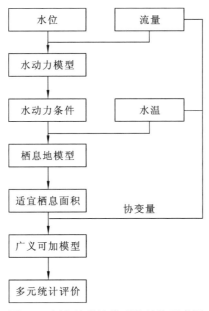

图 6.1　栖息地统计模型的结构示意图

1. 水动力模型

水动力模型主要用于模拟研究区域水动力条件的空间分布情况，建立栖息地的三维水动力模型[109]。基于质量守恒方程和动量守恒方程，引入布西内斯克（Boussinesq）近似、静水压假设、准三维近似，垂向上采用 σ 坐标系，得到如下描述三维水流运动的水动力模型控制方程组。

连续性方程：

$$\frac{\partial H}{\partial t} + \frac{\partial (uH)}{\partial x} + \frac{\partial (vH)}{\partial y} + \frac{\partial \omega}{\partial z} = Q_H \tag{6.3}$$

动量方程：

$$\frac{\partial (Hu)}{\partial t} + \frac{\partial (Huu)}{\partial x} + \frac{\partial (Huv)}{\partial y} + \frac{\partial u\omega}{\partial z} - fHv$$

$$= -H\frac{\partial (p+g\eta)}{\partial x} + \left(-\frac{\partial h}{\partial x} + z\frac{\partial H}{\partial x}\right)\frac{\partial P}{\partial z} + \frac{\partial}{\partial x}\left(\frac{A_v}{H}\frac{\partial u}{\partial z}\right) + Q_u \tag{6.4}$$

$$\frac{\partial (Hv)}{\partial t} + \frac{\partial (Huv)}{\partial x} + \frac{\partial (Hvv)}{\partial y} + \frac{\partial v\omega}{\partial z} - fHu$$

$$= -H\frac{\partial (p+g\eta)}{\partial y} + \left(-\frac{\partial h}{\partial y} + z\frac{\partial H}{\partial y}\right)\frac{\partial P}{\partial z} + \frac{\partial}{\partial z}\left(\frac{A_v}{H}\frac{\partial v}{\partial \sigma}\right) + Q_v \tag{6.5}$$

其中，

$$\frac{\partial P}{\partial z} = -gH\frac{(\rho - \rho_0)}{\rho_0} \tag{6.6}$$

$$(\tau_{xz}, \tau_{yz}) = \frac{A_v}{H}\frac{\partial}{\partial z}(u, v) \tag{6.7}$$

式中：z 为垂向 σ 坐标；u、v、ω 分别为 x、y、z 三个方向的速度分量；t 为时间；Q_H 为连续性方程的源汇项；f 为科里奥利力系数；g 为重力加速度；A_v 为垂向涡黏系数；Q_u 和 Q_v 为动量方程的源汇项；ρ_0 为水体参考密度；ρ 为水体密度；P 为附加静水压；τ_{xz} 和 τ_{yz} 为 x 方向和 y 方向的垂向剪切力；H 为总水深，$H = h + \eta$，h 为基准静水面的水深，η 为相对于基准静水面的水深；p 为动水压强。

对于复杂水动力模型，通常采用数值计算的方法进行求解[110]。水动力模型控制方程组的数值求解过程分为计算表面重力长波的外模式和与密度场和垂向流动相关的内模式两部分，采用有限体积和有限差分结合的模式分裂方法求解，在水平和垂直方向上采用六面体交错网格离散[111]。外模式的求解采用半隐格式，由于其计算过程与水体的垂向流动无关，因此可以直接通过垂向积分后的二维方程组计算模型水深和垂向平均流速[112]。完成外模式的求解之后，内模式的计算利用外模式得到的水深和垂向平均流速，采用隐格式，考虑垂向扩散，求解 σ 坐标系下的动量守恒方程，得到剪切力和流速的垂向剖面，从而求解得到模型的三维流场[113]。

模型的定解条件分为初始条件和边界条件，是求解水动力模型所必需的条件。初始条件包括初始时刻的流场和水位值。边界条件指边界上所求解的变量或其一阶导数随时间和空间的变化规律，是模型的外部驱动力，在垂向和水平方向上共包括如下四类：①自由水面边界，主要指水面上的风向、风速对模型的影响；②水底边界，主要指底部摩擦力对模型的影响；③固壁边界，主要指岸线边界对内部水体的影响；④开边界，主要指限定区域与外部的相互作用。

本章采用干湿网格处理三维模型的动边界，定义一个临界水深，在数值计算的每一个时间步上进行判断：如果网格水深高于临界水深，则为被水淹没的湿网格，正常参与模型计算；如果网格水深低于临界水深，则为无水的干网格，不参与模型计算。通过干湿网格可以有效避免模型计算过程中的负水深问题[114]。

2. 栖息地模型

根据对目标物种栖息地的水文监测数据，以 0～1 内的数值表示该水文条件下生物的适宜程度，可以绘制相应的栖息地适宜度曲线。栖息地模型就是利用各影响因子的栖息地适宜度曲线结合水动力模型评价各网格单元的栖息地综合适宜度，最终评价栖息地整体适宜性，得到适宜栖息面积 WUA，其计算公式如下：

$$\text{WUA} = \sum_{i=1}^{n} \text{CSF}(V_{1i}, V_{2i}, \cdots, V_{mi}) \times A_i \tag{6.8}$$

式中：$V_{1i}, V_{2i}, \cdots, V_{mi}$ 为 m 个评价因子；$\text{CSF}(V_{1i}, V_{2i}, \cdots, V_{mi})$ 为各单元评价因子的栖息地综合适宜度；A_i 为第 i 个评价单元的表面面积；n 为评价单元个数。

栖息地综合适宜度主要有如下四种计算方法。

（1）乘积法。该方法可以体现各评价因子共同作用下的结果，计算公式如下：

$$\text{CSF}(V_{1i}, V_{2i}, \cdots, V_{mi}) = V_{1i} \times V_{2i} \times \cdots \times V_{mi} \tag{6.9}$$

（2）几何平均法。该方法可以体现当某一评价因子较为不利时，其他各因子的补偿作用，计算公式如下：

$$\text{CSF}(V_{1i}, V_{2i}, \cdots, V_{mi}) = (V_{1i} \times V_{2i} \times \cdots \times V_{mi})^{1/m} \tag{6.10}$$

（3）最小值法。该方法将最不利的评价因子的适宜度作为栖息地综合适宜度，计算公式如下：

$$\text{CSF}(V_{1i}, V_{2i}, \cdots, V_{mi}) = \min\{V_{1i}, V_{2i}, \cdots, V_{mi}\} \tag{6.11}$$

（4）加权平均法。该方法对第 m 个评价因子赋权重值 k_m，计算公式如下：

$$\text{CSF}(V_{1i}, V_{2i}, \cdots, V_{mi}) = k_1 V_{1i} + k_2 V_{2i} + \cdots + k_m V_{mi}, \quad k_1 + k_2 + \cdots + k_m = 1 \tag{6.12}$$

综合相关研究的经验和成果，考虑各评价因子共同作用的影响，最终选择乘积法来计算适宜栖息面积。

3. 广义可加模型

通过引入广义可加模型来评估变化环境下的水文条件与适宜栖息面积之间的量化关系，研究多因子影响下的栖息地适宜度变化情况。广义可加模型是广义线性模型的非参数扩展[115]，广义可加模型通过可加项处理响应变量与多个解释变量之间的复杂非线性关系[116-117]，不考虑随机成分的影响，广义可加模型的一般表达式如下：

$$g[E(Y)] = \beta_0 + f_1(X_1) + f_2(X_2) + \cdots + f_m(X_m) \qquad (6.13)$$

式中：$g(\cdot)$ 为连接函数；$E(Y)$ 为响应变量 Y 的期望；β_0 为截距；$f_m(X_m)$ 为 m 个解释变量的平滑函数。平滑函数一般包括平滑样条函数、张量积平滑函数和张量积相互作用函数等，平滑样条函数是一种常用的多项式拟合函数，可以采用极小化惩罚平方和等方法求解。

基于广义可加模型，以逐步递进法研究解释变量单独作用和共同影响下与响应变量的关系，用 F 检验判断不同模型之间差异的显著性，通过广义交叉检验值选择最合适的模型。

6.2 梯级水库对河流水文情势的影响分析

6.2.1 水文指标变异分析

首先研究宜昌站 1949～2012 年的日流量序列在上游三峡-葛洲坝梯级水库联合运行影响下的水文指标变异程度，按照 1981 年和 2003 年葛洲坝水库、三峡水库分别开始蓄水的时间，将宜昌站日流量序列划分为 1949～1980 年、1981～2002 年和 2003～2012 年三个时段，用以表征天然情况下葛洲坝水库蓄水后及三峡水库蓄水后的河道流量水文情势。应用 IHA 法、RVA，分别计算三个时段的水文指标变化值和相应的水文改变度，计算结果如表 6.2 所示。

表 6.2 宜昌站日流量序列水文指标计算结果

IHA 法参数	1949～1980 年	1981～2002 年	1981～2002 年水文改变度	2003～2012 年	2003～2012 年水文改变度
1 月中值流量	4 160	4 365	0%	4 611	10%
2 月中值流量	3 730	3 855	9%	4 344	−63%
3 月中值流量	3 905	4 345	−45%	5 078	−8%
4 月中值流量	5 778	6 080	36%	6 080	47%
5 月中值流量	11 650	10 570	0%	10 700	28%
6 月中值流量	15 650	17 080	27%	15 190	−45%
7 月中值流量	27 000	31 000	−18%	24 550	−27%
8 月中值流量	26 500	25 800	9%	22 400	−27%
9 月中值流量	24 250	25 350	27%	21 010	10%
10 月中值流量	18 300	16 650	18%	13 310	−45%
11 月中值流量	9 625	9 180	−9%	7 935	−27%
12 月中值流量	5 660	57 50	−27%	5 545	35%

IHA 法参数	1949～1980 年	1981～2002 年	1981～2002 年水文改变度	2003～2012 年	2003～2012 年水文改变度
年最小 1 日平均流量	3 340	3 505	3%	3 815	−82%
年最小 3 日平均流量	3 357	3 535	18%	3 866	−63%
年最小 7 日平均流量	3 405	3 569	9%	3 925	−82%
年最小 30 日平均流量	3 557	3 704	−9%	4 302	−82%
年最小 90 日平均流量	3 997	4 222	18%	4 826	−63%
年最大 1 日平均流量	52 500	49 500	−18%	47 100	10%
年最大 3 日平均流量	50 370	49 280	0%	45 770	−8%
年最大 7 日平均流量	44 880	45 480	0%	43 560	10%
年最大 30 日平均流量	35 370	34 950	−9%	32 980	−8%
年最大 90 日平均流量	28 520	28 670	9%	26 480	10%
断流日数	0	0	0%	0	0%
基流指数	0.241 6	0.252 7	−9%	0.331 7	−45%
年最小流量出现时间	56.5	46	64%	39	−49%
年最大流量出现时间	204	204	27%	225	−32%
低脉冲次数	2.5	3	−1%	5	−41%
低脉冲历时	18	11	−14%	3	−63%
高脉冲次数	5	5	−15%	6.5	−37%
高脉冲历时	7.75	8.75	−27%	4.75	−27%
涨水均值	500	395	−45%	326	−31%
落水均值	−300	−310	27%	−369.3	−54%
逆转次数	80	107	−100%	143.5	−100%

注：1～12 月中值流量和年最小 1、3、7、30、90 日平均流量及年最大 1、3、7、30、90 日平均流量的单位为 m³/s，年最小、最大流量出现时间的单位为天，低、高脉冲历时的单位为天，涨、落水均值的单位为 m³/s。

根据表 6.2 的计算结果，将分别探讨葛洲坝水库和三峡水库蓄水前后宜昌站水文指标的变化情况。首先将不同时段的各月中值流量绘制在图 6.2 中，可以看出：葛洲坝水库蓄水之后，中值流量主要在 6 月、7 月出现了一定程度的增长，其他各月变化不大，对河道流量的调蓄能力有限；三峡水库蓄水之后，宜昌站 1～5 月的中值流量均有一定程度的增加，6～12 月的中值流量则显著减少，流量年内分配比例整体趋于平滑，这与三峡水库的调度运行策略密切相关，体现了三峡水库对河道径流较强的调节作用。流量的丰枯变化和年内分配比例会影响生态系统的特征与生物的多样性，改变维持物种种群稳定的水流条件[118]。

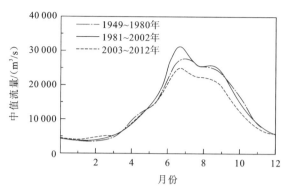

图 6.2　三峡−葛洲坝梯级水库蓄水前后各月中值流量比较结果

葛洲坝水库蓄水之后，宜昌站年极小值流量出现不同程度的增加，年极小值流量的出现时间从 2 月下旬提前到 2 月中旬，年极大值流量的大小和出现时间则比较稳定。此外，建库之后低脉冲历时有明显的减少，流量涨、落水均值也出现了一定程度的降低；另外，流量逆转次数则显著增加，远超过 RVA 上限，属于高度改变指标，河道水流条件改变率和频率的变化体现了上游梯级水库的调峰调频作用，这一过程同样会对河流生物种群的数量和种类产生一定程度的影响[119]。对葛洲坝水库蓄水前后河道水文指标水文改变度的绝对值从高到低进行排序，结果如图 6.3 所示。由图 6.3 可知，葛洲坝水库蓄水后，改变程度最高的水文指标为逆转次数，有五个水文指标没有发生改变；整体而言，宜昌站流量在葛洲坝水库蓄水前后出现高度改变的水文指标有 1 个，中度改变的水文指标有 4 个，低度改变的水文指标有 28 个，对河道流量的整体水文改变度为 28.46%，属于低度改变。

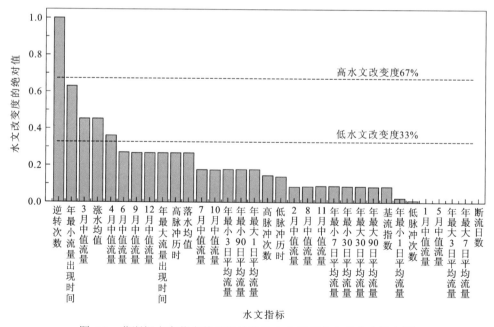

图 6.3　葛洲坝水库蓄水前后宜昌站各水文指标水文改变度排序图

三峡水库蓄水之后，宜昌站年极小值流量进一步增加，其各时间尺度年极小值流量的水文改变度在[-82%，-63%]，属于中度及以上改变，而年极大值流量则均呈现不同程度的减少，但水文改变度在[-8%，10%]，属于低度改变。在对年极值流量出现时间的影响上，宜昌站年最小流量出现时间从 2 月中旬提前到 2 月上旬，宜昌站年最大流量出现时间则从 7 月下旬推迟到 8 月中旬。此外，建库之后宜昌站流量高、低脉冲次数均有所增加，但高、低脉冲历时均有所减少，日流量涨、落水均值进一步降低；同时，流量逆转次数进一步增加，再次超过 RVA 上限，发生高度改变。可以看出，三峡水库蓄水之后水文指标发生改变的趋势与葛洲坝水库蓄水之后较为一致，但水文指标变化的数量和幅度则明显增加，体现了三峡水库对河道径流更强的调节作用。对三峡水库蓄水前后河道水文指标水文改变度的绝对值从高到低进行排序，结果如图 6.4 所示。由图 6.4 可知，三峡水库蓄水后，改变程度最高的指标为逆转次数，改变程度最低的指标为断流日数；整体而言，宜昌站流量在三峡水库蓄水前后出现高度改变的水文指标有 4 个，分别是逆转次数、年最小 1 日平均流量、年最小 7 日平均流量和年最小 30 日平均流量，中度改变的水文指标有 13 个，低度改变的水文指标有 16 个，对河道流量的整体水文改变度为46.16%，达到中度改变。

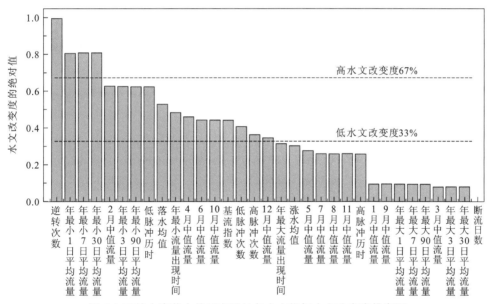

图 6.4 三峡水库蓄水前后宜昌站各水文指标水文改变度排序图

6.2.2   水温情势变化分析

对于河道水生态系统而言，除了流量之外，河道水温情势的变化也将对生物的栖息和繁衍行为产生重要的影响,因此本章将进一步探讨宜昌站水温情势在三峡-葛洲坝梯级水库联合调度影响下的年内分配比例变化情况。同样地，将宜昌站 1956～2012 年的逐日水温资料按照葛洲坝水库、三峡水库分别蓄水运行的时间分为三个时段，图 6.5 给出了不同时段的月平均水温比较结果。从图 6.5（a）中可以看出，葛洲坝水库蓄水前后，宜昌站月平均水温比较稳定，3 月、4 月和 7 月的平均水温出现了一定程度的降低，其他各月的水温则有所增加，但每月平均水温变幅均在±1℃以内，水温结构没有受到明显影响。从图 6.5（b）中可以看出，三峡水库蓄水前后，宜昌站的平均水温在年内不同月份之间发生了较大的变化，具体表现为：宜昌站 3～6 月的平均水温明显降低，降温幅度的最大值为 2.3℃，出现在 4 月；而 1～2 月、7～12 月的平均水温则明显增加，增温幅度最大达到 3.4℃，出现在 12 月。这种变化使得天然河道的自然升温和降温过程都发生了延后，反映了上游梯级水库对河道水温的"滞温"和"滞冷"效应，河道的水温结构遭到破坏，从而可能对河流水生态环境产生不利的影响。

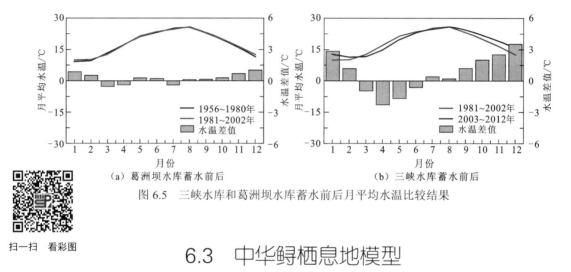

（a）葛洲坝水库蓄水前后　　　　　　（b）三峡水库蓄水前后

图 6.5　三峡水库和葛洲坝水库蓄水前后月平均水温比较结果

扫一扫　看彩图

6.3　中华鲟栖息地模型

6.3.1　水动力模型建立与验证

中华鲟是长江流域重要的濒危物种，其成熟体生活在长江口外的近岸海域，每年 10 月和 11 月沿长江洄游至上游产卵繁殖。在葛洲坝水库运行以前，中华鲟洄游至长江上游的金沙江江段开展繁殖活动，然而在葛洲坝水库运行以后，中华鲟洄游路线受阻，被迫在葛洲坝水库坝下形成新的产卵场。中华鲟的产卵繁殖行为对河道的水文条件有特定的需求，然而从对宜昌站水文情势的分析中可以发现，在长江流域上游气候变化和干流梯级水库建设的共同影响下，河道的水流过程和水温结构都已经发生了显著的变化，坝下河流水生态环境受到影响，中华鲟的栖息地适宜度也产生了较大的改变。下面以中华鲟为指标物种，围绕其产卵繁殖所需要的水流、水温条件，研究变化环境对河流水生态环境的影响。

选取葛洲坝水库坝下至庙嘴断面以上作为三维水动力模型的建模区域，该江段长约

3.8 km，面积约为 3.6 km²。建立的水动力模型水平上采用矩形网格划分，网格大小为 20 m×20 m，总网格数量为 9 104 个。由于中华鲟为底栖生物，故模型在垂向上平均分为 10 层，取底层的模拟结果用于栖息地的研究。模型的建立采用了 2008 年的实测地形资料，收集到的 2008 年 11 月 13 日和 23 日两次实测流场数据用于水动力模型的参数率定与结果验证，测量过程共设置 5 个流速监测断面，各断面的布设位置如图 6.6 所示。

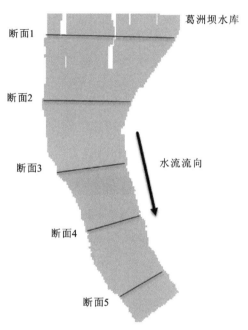

图 6.6 中华鲟产卵场流速监测断面位置示意图

将宜昌站的实测流量、水位数据和风向、风速资料作为模型的边界条件，考虑葛洲坝水库大江电厂和二江电厂同时发电的情况，按照其装机容量分配网格流量。采用三维水动力模型对 2008 年 11 月 13 日和 23 日的流场分布进行模拟计算，结果表明，研究区域各层水体的流场分布比较一致，其中表层水体的流速最大，底层水体的流速最小，模拟的底层水体流场结果如图 6.7 所示。从图 6.7 中可以看出，研究区域整体上水流流向沿河道主槽向下，在河道较窄或浅滩处流速明显增大，在河道宽阔或深潭处流速则较小。模型计算的 11 月 13 日底层水体平均流速为 0.94 m/s，最大流速为 1.95 m/s，11 月 23 日底层水体平均流速为 0.84 m/s，最大流速为 1.76 m/s。

图 6.8 和图 6.9 对比了 2008 年 11 月 13 日和 23 日两天 5 个监测断面底层水体实测和计算流速的结果。从图 6.8、图 6.9 中可以看出，在地形平整的地方，水体的流速比较稳定，模型计算结果与实测结果基本一致；在地形变化较大的地方，断面上各点的流速有较大的差异，但模型能够大体捕捉断面上各点流速的变化过程和趋势。整体而言，各断面模型计算结果与实测值比较符合，所建立的水动力模型可以用于中华鲟产卵场水动力条件的模拟。

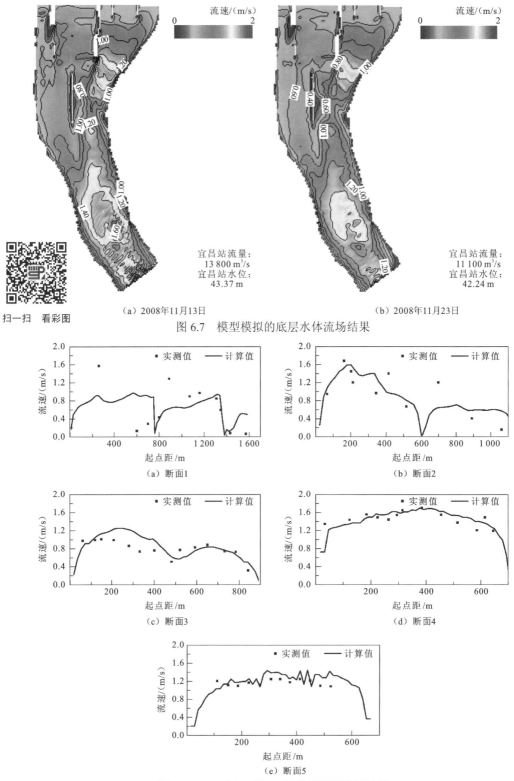

扫一扫 看彩图

（a）2008年11月13日 （b）2008年11月23日

宜昌站流量：
13 800 m³/s
宜昌站水位：
43.37 m

宜昌站流量：
11 100 m³/s
宜昌站水位：
42.24 m

图 6.7 模型模拟的底层水体流场结果

（a）断面1

（b）断面2

（c）断面3

（d）断面4

（e）断面5

图 6.8 2008 年 11 月 13 日底层流场验证结果

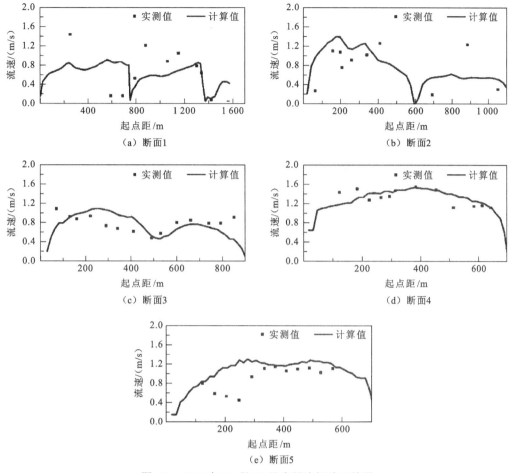

图 6.9 2008 年 11 月 23 日底层流场验证结果

6.3.2 适宜栖息面积计算

中华鲟的产卵繁殖行为受到诸多因子的影响，其影响方式和影响程度也有所区别。流速和水深是与河道流量紧密相关的两个水动力变量，也是对中华鲟栖息繁殖具有重要影响的生态因子，其中流速对中华鲟繁殖的影响主要体现在促进中华鲟的性腺发育、保护鱼卵的受精环境和维持水体的溶解氧水平等方面，而水深对中华鲟繁殖的影响主要在于提供其产卵所需要的涨落水过程。同时，中华鲟的产卵需要在一定的水温范围内进行，当水温低于或高于临界值时，中华鲟的产卵行为会停止或滞后。因此，本章选取中华鲟产卵场的流速、水深和水温作为生态影响因子展开栖息地模型的研究。

评价因子的栖息地适宜度曲线反映了指标物种对于水文条件的偏好性，对栖息地模型模拟的结果起到非常重要的作用。中华鲟产卵对水温的需求比较严格，其最适宜的产卵水温为 18~20 ℃[120-121]，最适宜的产卵流速为 1~1.5 m/s，最适宜的产卵水深为 8~15 m[122]。综合相关文献研究成果，选定的产卵场栖息地适宜度曲线如图 6.10 所示。

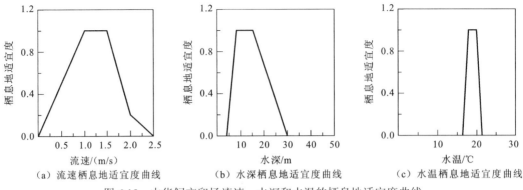

（a）流速栖息地适宜度曲线　　　（b）水深栖息地适宜度曲线　　　（c）水温栖息地适宜度曲线

图 6.10　中华鲟产卵场流速、水深和水温的栖息地适宜度曲线

考虑到葛洲坝水库坝下 2005~2006 年的河势整治工程，水下地形发生了较大的改变，而本章所采用的地形数据是 2008 年测量得到的，因此以验证通过的三维水动力模型模拟计算 2007~2012 年 10 月和 11 月逐日流速与水深的时空分布情况。由于研究区域面积较小，气候条件基本一致，水温空间分布差异不明显，且河道的流速较大，垂向上不容易出现分层现象，因此产卵场内各单元的水温统一采用宜昌站的监测结果。根据各评价因子的栖息地适宜度曲线，采用栖息地模型计算的产卵场适宜栖息面积的逐日变化情况如图 6.11 所示，图中黑色虚线为每年的平均适宜栖息面积。

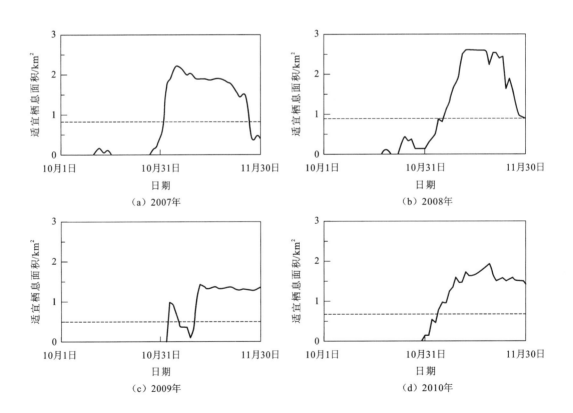

（a）2007年　　　　　　　　　　　　　　（b）2008年

（c）2009年　　　　　　　　　　　　　　（d）2010年

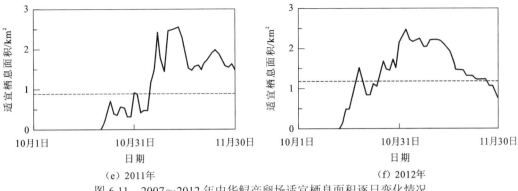

图 6.11 2007~2012 年中华鲟产卵场适宜栖息面积逐日变化情况

从图 6.11 中可以看出，在研究时段内，2009 年和 2010 年的平均适宜栖息面积较小，而 2012 年的平均适宜栖息面积最大，6 年平均的适宜栖息面积为 0.84 km²，占研究区域的 23.3%；适宜栖息面积最大的时间一般出现在每年的 11 月上旬或中旬，之后则开始逐步下降，2010 年最大适宜栖息面积出现时间最晚，在 11 月 19 日。研究时段内每年 10 月的适宜栖息面积很小，大部分日期的适宜栖息面积为零，基本丧失了适宜中华鲟产卵繁殖所需的水文环境，相应地，每年 11 月底的适宜栖息面积仍超过或接近于平均值，这一现象受到两方面因素的影响，其一是中华鲟的产卵行为往往发生在河道流量的退水期，其二则是适合产卵的水温的出现时间推迟，使得中华鲟的适宜产卵时间整体上有所缩短，且在变化环境下有整体延后的迹象。

6.3.3 栖息地多元统计评价

根据计算的适宜栖息面积 WUA，将 quasi-Poisson 分布作为拟合线型，其连接函数为 $\ln(\cdot)$，将薄板样条函数 $s(\cdot)$ 作为模型输入（水文数据流量 Q 及水温 T）的平滑函数，以张量积相互关系函数 $te(\cdot)$ 拟合流量 Q 与水温 T 之间的相关性，建立广义可加模型。以逐步递进法研究不同影响因子对适宜栖息面积的影响，建立的三种模型及其优度对比结果如表 6.3 所示。

表 6.3 不同广义可加模型的结构及其优度对比

模型序号	模型结构	自由度的残差	偏差的残差	F 检验值	广义交叉检验值
1	$\ln(\mathrm{WUA}) \sim s(Q)$	220.12	88.475	0.025	0.4059
2	$\ln(\mathrm{WUA}) \sim s(Q)+s(T)$	204.56	0.443	0.000	0.0023
3	$\ln(\mathrm{WUA}) \sim s(Q)+s(T)+te(Q, T)$	203.47	0.436	0.081	0.0023

模型 1 考虑了流量对适宜栖息面积的影响，采用 F 检验判断流量作为解释变量时与响应变量之间的关系，其 F 检验值为 0.025，表明流量是适宜栖息面积的显著影响因子，然而，模型 1 的累计解释偏差仅为 3.01%，模型的拟合效果较差。在此基础上，考虑水

温对适宜栖息面积的影响建立模型 2，模型 2 的残差值相较于模型 1 大幅减小，且 F 检验值在 0.01 置信水平下显著，表明两模型间差异显著。进一步考虑流量与水温之间的相关性，建立模型 3，模型 3 的残差值相较于模型 2 虽然有所减小但减小幅度较小，F 检验值为 0.081，未能通过 0.05 置信水平下的显著性检验，因此在本案例中考虑流量与水温的关系并将其作为协变量的模型 3 对拟合效果的提升不够显著。综合比较三种模型的广义交叉检验值发现，模型 2 与模型 3 的拟合效果相当，且均远优于模型 1。综合以上分析，本章选择模型 2 为最优的广义可加模型。

模型 2 中流量和水温作为解释变量与响应变量间关系的 F 检验值均小于 0.01，表明流量和水温都是适宜栖息面积的显著影响因子，其中水温的 F 检验值大于流量，意味着水温对适宜栖息面积的影响更大。模型 2 的累计解释偏差达到 99.5%，模型拟合效果较好，图 6.12 给出了模型拟合的适宜栖息面积与实际值的对比，从图 6.12 中可以看出，所有点据都位于 1∶1 直线附近，其具备足够的拟合优度。

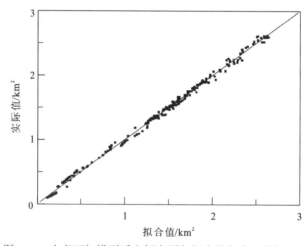

图 6.12　广义可加模型适宜栖息面积拟合值与实际值的对比

根据建立的广义可加模型，图 6.13 给出了流量、水温与适宜栖息面积的二维等值线图和梯度矢量图。从二维等值线图可以看出，适宜栖息面积随流量和水温增大均表现出先增加后减小的趋势，整体上当流量在 12 000～17 000 m³/s，同时水温在 18～20 ℃时，中华鲟产卵场的适宜栖息面积最大，可以达到研究区域的 67%，有利于中华鲟的产卵繁殖行为。利用梯度矢量图则可以进一步评价不利水文条件下各影响因子的敏感程度。例如，当流量为 8 000 m³/s，水温为 20.5 ℃时，增加流量对于提高适宜栖息面积的效果更好，流量是主要的影响因子；而当水温不变，流量继续增加达到 10 000 m³/s 时，降低水温对于提高适宜栖息面积的效果更好，此时水温转变为主要的影响因子，该结论可以用于指导上游梯级水库的下泄水流方案和水温调节措施，刺激中华鲟的产卵繁殖行为。另外，适宜栖息面积在低水温和高水温下的整体变化梯度比较相似，然而其在低流量下的变化梯度远大于高流量，意味着中华鲟产卵繁殖期间河道低流量带来的不利影响远大于高流量，宜昌站秋季流量近年来呈逐年减少的变化趋势，同时适宜产卵时间的推迟也使得产卵时河道的天然流量更低,因此在变化环境下中华鲟产卵场面临适宜度下降的风险。

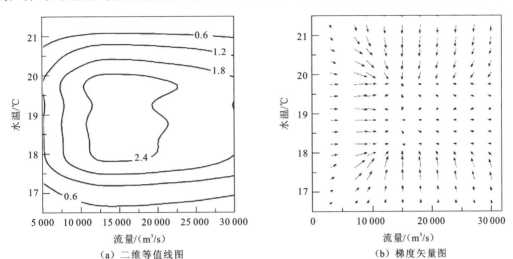

（a）二维等值线图　　　　　　　　（b）梯度矢量图

图 6.13　流量、水温与适宜栖息面积的二维等值线图和梯度矢量图

广义可加模型同样可以通过偏效应关系图分析流量对适宜栖息面积的独立影响,如图 6.14 所示,其中虚线部分表示 95%置信区间。将本章建立的流量和适宜栖息面积的偏效应关系与相关研究中建立的流量和中华鲟产卵场适宜度的关系进行对比[123-124],本章关于适宜生态流量区间的推断比较合理。相较于仅考虑流量的单变量模型或经验模型,本章建立的栖息地统计模型在多因子影响下的栖息地适宜度量化评估上具有明显的优势。

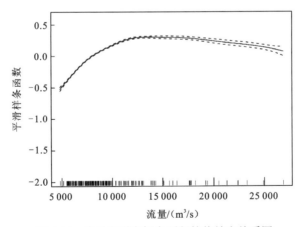

图 6.14　流量和适宜栖息面积的偏效应关系图

参 考 文 献

[1] 张勇传. 系统辨识及其在水电能源中的应用[M]. 武汉: 湖北科学技术出版社, 2008.

[2] 邹强, 王学敏, 李安强, 等. 基于并行混沌量子粒子群算法的梯级水库群防洪优化调度研究[J]. 水利学报, 2016 (8): 967-976.

[3] 张勇传. 水电站水库调度[M]. 北京: 中国工业出版社, 1963.

[4] 张勇传. 水电能优化管理[M]. 武汉: 华中工学院出版社, 1987.

[5] 张勇传. 优化理论在水库调度中的应用[M]. 长沙: 湖南科学技术出版社, 1985.

[6] 金文婷, 王义民, 王学斌, 等. 梯级水库群多目标协同均衡调控研究[J]. 水资源与水工程学报, 2023, 34(5): 1-11.

[7] 周丽伟. 水库群防洪库容高效利用相关问题研究[D]. 武汉: 华中科技大学, 2019.

[8] 王浩, 王旭, 雷晓辉, 等. 梯级水库群联合调度关键技术发展历程与展望[J]. 水利学报, 2019, 50(1): 25-37.

[9] 王本德, 周惠成, 卢迪. 我国水库(群)调度理论方法研究应用现状与展望[J]. 水利学报, 2016, 47(3): 337-345.

[10] 张勇传, 李福生, 熊斯毅, 等. 水电站水库群优化调度方法的研究[J]. 水力发电, 1981(11): 48-52.

[11] 张勇传, 邴凤山, 刘鑫卿, 等. 水库群优化调度理论的研究: POA 方法[J]. 水电能源科学, 1987(3): 234-244.

[12] WASIMI S A, KITANIDIS P K. Real-time forecasting and daily operation of a multireservoir system during floods by linear quadratic Gaussian control[J]. Water resources research, 1983, 19(6): 1511-1522.

[13] 都金康, 李罕, 王腊春, 等. 防洪水库(群)洪水优化调度的线性规划方法[J]. 南京大学学报(自然科学版), 1995(2): 301-309.

[14] 付湘, 纪昌明. 防洪系统最优调度模型及应用[J]. 水利学报, 1998 (5): 50-54.

[15] 易淑珍, 邵东国, 刘丙军. 水库群防洪优化调度模型研究[J]. 武汉大学学报(工学版), 2002(2): 25-29.

[16] 黄草, 王忠静, 李书飞, 等. 长江上游水库群多目标优化调度模型及应用研究 I: 模型原理及求解[J]. 水利学报, 2014, 45(9): 1009-1018.

[17] 周研来, 郭生练, 陈进. 溪洛渡-向家坝-三峡梯级水库联合蓄水方案与多目标决策研究[J]. 水利学报, 2015, 46(10): 1135-1144.

[18] 张睿, 张利升, 王学敏, 等. 金沙江下游梯级水库群多目标兴利调度模型及应用[J]. 四川大学学报(工程科学版), 2016, 48(4): 32-37, 53.

[19] 王学斌, 畅建霞, 孟雪姣, 等. 基于改进 NSGA-II 的黄河下游水库多目标调度研究[J]. 水利学报, 2017, 48(2): 135-145, 156.

[20] 王丽萍, 阎晓冉, 马皓宇, 等. 基于结构方程模型的水库多目标互馈关系研究[J]. 水力发电学报, 2019, 38(10): 47-58.

[21] 蔡卓森, 戴凌全, 刘海波, 等. 兼顾下游生态流量的溪洛渡-向家坝梯级水库蓄水期联合优化调度研究[J]. 长江科学院院报, 2020, 37(9): 31-38.

[22] WEI C C, HSU N S. Multireservoir real-time operations for flood control using balanced water level index method[J]. Journal of environmental management, 2008, 88(4): 1624-1639.

[23] 何小聪, 丁毅, 李书飞. 基于等比例蓄水的长江中上游三座水库群联合防洪调度策略[J]. 水电能源科学, 2013(4): 38-41.

[24] ZHANG S, KANG L, HE X. Equal proportion flood retention strategy for the leading multireservoir system in upper Yangtze River[C]//Water Resources and Environment: Proceedings of the 2015 International Conference on Water Resources and Environment. Boca Raton: CRC Press, 2015.

[25] 周新春, 许银山, 冯宝飞. 长江上游干流梯级水库群防洪库容互用性初探[J]. 水科学进展, 2017, 28(3): 421-428.

[26] 康玲, 周丽伟, 李争和, 等. 长江上游水库群非线性安全度防洪调度策略[J]. 水利水电科技进展, 2019, 39(3): 1-5.

[27] 胡向阳, 丁毅, 邹强, 等. 面向多区域防洪的长江上游水库群协同调度模型[J]. 人民长江, 2020, 51(1): 56-63, 79.

[28] 周丽伟, 康玲, 丁洪亮, 等. 水库群防洪库容利用等效关系研究[J]. 人民长江, 2021, 52(10): 13-17, 25.

[29] 谢雨祚, 熊丰, 郭生练, 等. 金沙江下游梯级与三峡水库防洪库容互补等效关系研究[J]. 水利学报, 2023, 54(2): 139-147.

[30] 康玲, 黄云燕, 杨正祥, 等. 水库生态调度模型及其应用[J]. 水利学报, 2010, 41(2): 134-141.

[31] ZHOU L W, KANG L. A comparative analysis of multiple machine learning methods for flood routing in the Yangtze River [J]. Water, 2023, 15(8): 1556.

[32] VATANKHAH A R. Discussion of 'Parameter estimation for the nonlinear forms of the Muskingum model' by Piyusha Hirpurkar and Aniruddha D. Ghare[J]. Journal of hydrologic engineering, 2015, 20(8): 07015018.

[33] LUO J, YANG X, XIE J. Evaluation and improvement of routing procedure for nonlinear Muskingum models[J]. International journal of civil engineering, 2016, 14(1): 47-59.

[34] EASA S M. Improved nonlinear Muskingum model with variable exponent parameter[J]. Journal of hydrologic engineering, 2013, 18(12): 1790-1794.

[35] GEEM Z W. Parameter estimation of the nonlinear Muskingum model using parameter-setting-free harmony search[J]. Journal of hydrologic engineering, 2011, 16(8): 684-688.

[36] KARAHAN H, GURARSLAN G, GEEM Z W. A new nonlinear Muskingum flood routing model incorporating lateral flow[J]. Engineering optimization, 2015, 47(6): 737-749.

[37] KANG L, ZHANG S. Application of the elitist-mutated PSO and an improved GSA to estimate parameters of linear and nonlinear Muskingum flood routing models [J]. PLoS One, 2016, 11(1): 0147338.

[38] 刘攀, 郭生练, 李玮, 等. 遗传算法在水库调度中的应用综述[J]. 水利水电科技进展, 2006(4):

78-83.

[39] 王小平, 曹立明. 遗传算法: 理论、应用与软件实现[M]. 西安: 西安交通大学出版社, 2002.

[40] ZHANG S, KANG L, ZHOU L W, et al. A new modified nonlinear Muskingum model and its parameter estimation using the adaptive genetic algorithm[J]. Hydrology research, 2017, 48(1): 17-27.

[41] PARKINSON J, HUTCHINSON D. An investigation into the efficiency of variants on the simplex method[J]. Numerical methods for nonlinear optimization, 1972, 3(1): 115-135.

[42] KANG L, ZHOU L W, ZHANG S. Parameter estimation of two improved nonlinear Muskingum models considering the lateral flow using a hybrid algorithm[J]. Water resources management, 2017, 31(14): 4449-4467.

[43] RAO R V, WAGHMARE G G. A new optimization algorithm for solving complex constrained design optimization problems[J]. Engineering optimization, 2017, 49(1): 60-83.

[44] PEI S. Hybrid immune clonal particle swarm optimization multi-objective algorithm for constrained optimization problems[J]. International journal of pattern recognition and artificial intelligence, 2017, 31(1): 1759001.

[45] WILSON E M. Engineering hydrology[M]. London: Macmillan Book Company, 1974.

[46] AL-HUMOUD J M, ESEN I I. Approximate methods for the estimation of Muskingum flood routing parameters[J]. Water resources management, 2006, 20(6): 979-990.

[47] NERC. Flood studies report[R]. Wallingford: Institute of Hydrology, 1975.

[48] LI Z H, KANG L, ZHOU L W, et al. Deep learning framework with time series analysis methods for runoff prediction[J]. Water, 2021, 13(4): 575.

[49] MOGHADDAM A, BEHMANESH J, FARSIJANI A. Parameters estimation for the new four-parameter nonlinear Muskingum model using the particle swarm optimization[J]. Water resources management, 2016, 30(7): 2143-2160.

[50] EASA S M. New and improved four-parameter non-linear Muskingum model[J]. Proceedings of the institution of civil engineers-water management, 2014, 167(5): 288-298.

[51] BOZORG-HADDAD O, HAMEDI F, FALLAH-MEHDIPOUR E, et al. Application of a hybrid optimization method in Muskingum parameter estimation[J]. Journal of irrigation and drainage engineering, 2015, 141(12): 04015026.

[52] NIAZKAR M, AFZALI S H. Assessment of modified honey bee mating optimization for parameter estimation of nonlinear Muskingum models[J]. Journal of hydrologic engineering, 2014, 20(4): 04014055.

[53] BARATI R. Application of excel solver for parameter estimation of the nonlinear Muskingum models[J]. KSCE journal of civil engineering, 2013, 17(5): 1139-1148.

[54] CHU H, CHANG L. Applying particle swarm optimization to parameter estimation of the nonlinear Muskingum model[J]. Journal of hydrologic engineering, 2009, 14(9): 1024-1027.

[55] 张世明, 王晓凤, 张亮. 长江上游寸滩站 2010 年"7.19"洪水预报分析[J]. 人民长江, 2011, 42(6): 25-29, 56.

[56] HOWSON H R, SANCHO N G F. A new algorithm for the solution of multi-state dynamic programming problems[J]. Mathematical programming, 1975, 8(1): 104-116.

[57] 王森, 程春田, 李保健, 等. 防洪优化调度多约束启发式逐步优化方法[J]. 水科学进展, 2013(6): 869-876.

[58] 杨侃, 丰景春, 陆桂华. 水库调度中逐次优化算法(POA)的收敛性研究[J]. 河海大学学报, 1996(1): 104-107.

[59] 方红远, 王浩, 程吉林. 初始轨迹对逐步优化算法收敛性的影响[J]. 水利学报, 2002(11): 27-30, 37.

[60] 贾本有, 钟平安, 陈娟, 等. 复杂防洪系统联合优化调度模型[J]. 水科学进展, 2015, 26(4): 560-571.

[61] 张睿, 李安强, 丁毅. 金沙江梯级与三峡水库联合防洪调度研究[J]. 人民长江, 2018, 49(13): 22-26.

[62] 金兴平. 长江上游水库群 2016 年洪水联合防洪调度研究[J]. 人民长江, 2017, 48(4): 22-27.

[63] 喻杉, 游中琼, 李安强. 长江上游防洪体系对 1954 年洪水的防洪作用研究[J]. 人民长江, 2018, 49(13): 9-14, 26.

[64] ZHOU L W, KANG L, HOU S, et al. Research on flood risk control methods and reservoir flood control operation oriented towards floodwater utilization[J]. Water, 2023, 16(1): 43.

[65] VALENCIA R D, SCHAAKE J C. Disaggregation processes in stochastic hydrology[J]. Water resources research, 1973, 9(3): 580-585.

[66] 肖晓伟, 肖迪, 林锦国, 等. 多目标优化问题的研究概述[J]. 计算机应用研究, 2011, 28(3): 805-808.

[67] KNOWLES J D, CORNE D W. Approximating the nondominated front using the Pareto archived evolution strategy[J]. Evolutionary computation, 2000, 8(2): 149-172.

[68] CORNE D W, KNOWLES J D, OATES M J. The Pareto envelope-based selection algorithm for multiobjective optimization[C]//2000 Proceedings of Parallel Problem Solving from Nature-PPSN VI: 6th International Conference. Berlin: Springer-Verlag, 2000: 839-848.

[69] CORNE D W, JERRAM N R, KNOWLES J D, et al. PESA-II: Region-based selection in evolutionary multiobjective optimization[C]//Proceedings of the Genetic and Evolutionary Computation Conference (GECCO' 2001). Burlington: Morgan Kaufmann Publishers, 2001: 283-290.

[70] ZITZLER E, THIELE L. Multiobjective evolutionary algorithms: A comparative case study and the strength Pareto approach[J]. IEEE transactions on evolutionary computation, 1999, 3(4): 257-271.

[71] ZITZLER E, LAUMANNS M, THIELE L. SPEA2: Improving the strength Pareto evolutionary algorithm[R]. Zurich: ETH Zurich, 2001.

[72] DEB K, PRATAP A, AGARWAL S, et al. A fast and elitist multiobjective genetic algorithm: NSGA-II[J]. IEEE transactions on evolutionary computation, 2002, 6(2): 182-197.

[73] ERICKSON M, MAYER A, HORN J. The niched Pareto genetic algorithm 2 applied to the design groundwater remediation systems[C]//Proceedings of the 1st International Conference on Evolutionary Multi-Criterion Optimization. Berlin: Springer-Verlag, 2001: 681-695.

[74] COELLO C C A, PULIDO G T. A micro-genetic algorithm for multiobjective optimization[C]// Proceedings of the 1st International Conference on Evolutionary Multi-Criterion Optimization. Berlin:

Springer-Verlag, 2001: 126-140.

[75] SRINIVAS N, DEB K. Multi-objective function optimization using non-dominated sorting genetic algorithms[J]. Evolutionary computation, 1994, 2(3): 221-248.

[76] ZITZLER E, DEB K, THIELE L. Comparison of multiobjective evolutionary algorithms: Empirical results[J]. Evolutionary computation, 2000, 8(2): 173-195.

[77] 陈珽. 决策分析[M]. 北京: 科学出版社, 1997.

[78] 张振东, 潘妮, 梁川. 基于改进 TOPSIS 的长江黄河源区生态脆弱性评价[J]. 人民长江, 2009, 40(16): 81-84.

[79] DAS I. A preference ordering among various Pareto optimal alternatives[J]. Structural optimization, 1999, 18(1): 30-35.

[80] STEDINGER J R. The performance of LDR models for preliminary design and reservoir operation[J]. Water resources research, 1984, 20(2): 215-224.

[81] SHIAU J T. Optimization of reservoir hedging rules using multiobjective genetic algorithm[J]. Journal of water resources planning and management, 2009, 135(5): 355-363.

[82] REVELLE C, JOERES E, KIRBY W. The linear decision rule in reservoir management and design: 1, development of the stochastic model[J]. Water resources research, 1969, 5(4): 767-777.

[83] 周研来, 梅亚东, 杨立峰, 等. 大渡河梯级水库群联合优化调度函数研究[J]. 水力发电学报, 2012, 31(4): 78-82.

[84] 方洪斌, 胡铁松, 曾祥, 等. 基于平衡曲线的并联水库分配规则[J]. 华中科技大学学报(自然科学版), 2014, 42(7): 44-49.

[85] 方红远, 马瑞辰, 甘升伟, 等. 干旱期供水水库运行策略优化分析[J]. 系统工程理论方法应用, 2006, 15(1): 71-75.

[86] BOWER B T, HUFSCHMIDT M M, REEDY W W. Operating procedures: Their role in the design of water-resource systems by simulation analyses[M]//Design of water-resources systems. Cambridge: Harvard University Press, 1962.

[87] BAYAZIT M, ÜNAL N E. Effects of hedging on reservoir performance[J]. Water resources research, 1990, 26(4): 713-719.

[88] SHIH J S, REVELLE C. Water supply operations during drought: A discrete hedging rule[J]. European journal of operational research, 1995, 82(1): 163-175.

[89] FELFELANI F, MOVAHED A J, ZARGHAMI M. Simulating hedging rules for effective reservoir operation by using system dynamics: A case study of Dez Reservoir, Iran[J]. Lake and reservoir management, 2013, 29(2): 126-140.

[90] HOUCK M H, COHON J L, REVELLE C S. Linear decision rule in reservoir design and management: 6. Incorporation of economic efficiency benefits and hydroelectric energy generation[J]. Water resources research, 1980, 16(1): 196-200.

[91] KIM T, HEO J H, BAE D H, et al. Single-reservoir operating rules for a year using multiobjective genetic algorithm[J]. Journal of hydroinformatics, 2008, 10(2): 163-179.

[92] LIU P, GUO S, XU X, et al. Derivation of aggregation-based joint operating rule curves for cascade hydropower reservoirs[J]. Water resources management, 2011, 25(13): 3177-3200.

[93] BOZORG-HADDAD O, AFSHAR A, MARIÑO M A. Honey-bee mating optimization (HBMO) algorithm in deriving optimal operation rules for reservoirs[J]. Journal of hydroinformatics, 2008, 10(3): 257-264.

[94] AHMADI M, BOZORG-HADDAD O, MARIÑO M A. Extraction of flexible multi-objective real-time reservoir operation rules[J]. Water resources management, 2014, 28(1): 131-147.

[95] 潘理中, 芮孝芳. 水电站水库优化调度研究的若干进展[J]. 水文, 1999 (6): 37-40.

[96] 刘攀, 郭生练, 张文选, 等. 梯级水库群联合优化调度函数研究[J]. 水科学进展, 2007, 18(6): 816-822.

[97] 郭旭宁, 胡铁松, 方洪斌, 等. 水库群联合供水调度规则形式研究进展[J]. 水力发电学报, 2015, 34(1): 23-28.

[98] SRINIVASAN K, PHILIPOSE M C. Evaluation and selection of hedging policies using stochastic reservoir simulation[J]. Water resources management, 1996, 10(3): 163-188.

[99] Hydrologic Engineering Center. Hydrologic engineering methods for water resources development[M]. Davis: U. S. Army Corps of Engineers, 1975.

[100] TU M Y, HSU N S, TSAI F T C, et al. Optimization of hedging rules for reservoir operations[J]. Journal of water resources planning and management, 2008, 134(1): 3-13.

[101] HSU S K. Shortage indices for water-resources planning in Taiwan[J]. Journal of water resources planning and management, 1995, 121(2): 119-131.

[102] HSU N S, CHENG K W. Network flow optimization model for basin-scale water supply planning[J]. Journal of water resources planning and management, 2002, 128(2): 102-112.

[103] 蓝云龙. 湟水民和站丰、平、枯水年划分初探[J]. 水利科技与经济, 2007, 13(12): 899-901.

[104] SHIAU J T. Fitting drought duration and severity with two-dimensional copulas[J]. Water resources management, 2006, 20(5): 795-815.

[105] CHEBANA F, OUARDA T B M J, DUONG T C. Testing for multivariate trends in hydrologic frequency analysis[J]. Journal of hydrology, 2013, 486: 519-530.

[106] DIETZ E J, KILLEEN T J. A nonparametric multivariate test for monotone trend with pharmaceutical applications[J]. Publications of the American statistical association, 1981, 76: 169-174.

[107] HIRSCH R M, SLACK J R. Non-parametric trend test for seasonal data with serial dependence[J]. Water resources research, 1984, 20(6): 727-732.

[108] LETTENMAIER D P. Multivariate nonparametric tests for trend in water quality 1[J]. Journal of the American water resources association, 1988, 24(3): 505-512.

[109] HAMRICK J M. A three-dimensional environmental fluid dynamics computer code: Theoretical and computational aspects[R]. Williamsburg: Virginia Institute of Marine Science, 1992.

[110] 康玲, 靖争. 非静压水动力学模型的并行计算方法[J]. 华中科技大学学报(自然科学版), 2017, 45(7): 46-50, 73.

[111] SMITH E P, RHEEM S, HOLTZMAN G I, et al. Multivariate assessment of trend in environmental variables[J]. Multivariate environmental statistics, 1993, 4(1): 491-507.

[112] 康玲, 靖争. 湖泊三维水动力—水温耦合模型及其应用研究[J]. 中国水利, 2018(4): 22-25, 21.

[113] JING Z, KANG L, YAO H M. Simulation of water temperature by using urban lake temperature model[J]. Journal of hydraulic engineering, 2018, 144(1): 06017025.

[114] KANG L, JING Z. Depth-averaged non-hydrostatic hydrodynamic model using a new multithreading parallel computing method[J]. Water, 2017, 9(3): 184.

[115] YAN L, XIONG L H, GUO S L, et al. Comparison of four nonstationary hydrologic design methods for changing environment[J]. Journal of hydrology, 2017, 551: 132-150.

[116] YIN J B, GUO S L, LIU Z J, et al. Bivariate seasonal design flood estimation based on copulas[J]. Journal of hydrologic engineering, 2017, 22(12): 05017028.

[117] WANG Y, DONG W, WU J. Assessing the impact of Danjiangkou Reservoir on ecohydrological conditions in Hanjiang River, China[J]. Ecological engineering, 2015, 81: 41-52.

[118] ALDOUS A, FITZSIMONS J, RICHTER B, et al. Droughts, floods and freshwater ecosystems: Evaluating climate change impacts and developing adaptation strategies[J]. Marine & freshwater research, 2011, 62(3): 223-231.

[119] 赵越. 面向河流生境改善的水库调度建模理论与方法研究[D]. 武汉: 华中科技大学, 2014.

[120] RICHTER B D, BAUMGARTNER J V, POWELL J, et al. A method for assessing hydrologic alteration within ecosystems[J]. Conservation biology, 2010, 10(4): 1163-1174.

[121] RICHTER B D, BAUMGARTNER J V, WIGINGTON R, et al. How much water does a river need?[J]. Freshwater biology, 1997, 37(1): 231-249.

[122] HASTIE T J. Generalized additive models[M]// Statistical models in S. London: Routledge, 2017: 249-307.

[123] YI Y, JIE S, ZHANG S. A habitat suitability model for Chinese sturgeon determined using the generalized additive method[J]. Journal of hydrology, 2016, 534: 11-18.

[124] YI Y, JIE S, ZHANG S, et al. Assessment of Chinese sturgeon habitat suitability in the Yangtze River (China): Comparison of generalized additive model, data-driven fuzzy logic model, and preference curve model[J]. Journal of hydrology, 2016, 536: 447-456.